RÉSUMÉS

DE

Leçons de Sciences Physiques et Naturelles

Rédigés conformément au programme d'enseignement primaire adopté pour les Écoles du Département du Nord

PAR

O. DEMOLON

Directeur d'un cours complémentaire à Tourcoing.

COURS MOYEN

1 vol. in-8°, 72 pages,
contenant 103 gravures, dont une coloriée *(le Cœur)*.
Cartonné. — Prix : 0,80.

LILLE

C. LENOIR, LIBRAIRE-EDITEUR.

1886.

RÉSUMÉS

DE

Leçons de Sciences Physiques et Naturelles

Rédigés conformément au programme d'enseignement primaire
adopté pour les Écoles du Département du Nord

PAR

O. DEMOLON

Directeur d'un cours complémentaire à Tourcoing.

COURS MOYEN

LILLE

C. LENOIR, LIBRAIRE-EDITEUR.

1886.

AVANT-PROPOS

Une leçon de sciences peut comprendre trois parties :

1° Interrogation des élèves sur la leçon précédente ;

2° Explication par le maître de la leçon suivante ;

3° Dictée d'un court résumé que les élèves apprendront ensuite.

Dans la pratique, la dictée du résumé offre bien des inconvénients. Cette partie de la leçon prend un temps considérable au détriment des explications orales, souvent aussi, la plupart des élèves écrivent mal et laissent des fautes ; enfin, les cahiers sont mal tenus et non au courant par suite d'absences.

De ces remarques, nées d'une expérience tentée, nous est venue l'idée de faire, à l'usage du cours moyen, des résumés de leçons de sciences, d'après le programme adopté pour les écoles primaires du département du Nord. Ces résumés sont destinés à être appris par cœur ou presque par cœnr. Mais ce serait non-sens que de faire apprendre des résumés et de s'en tenir là. Le maître y ajoutera nécessairement les explications orales ou les développements qu'il jugera utiles. Il n'oubliera pas que la méthode à suivre est celle de l'observation et de l'expérience.

OUVRAGES A CONSULTER :

Première année d'enseignement scientifique, par PAUL BERT (lib. Colin).

Éléments usuels des sciences physiques et naturelles, par le Dr SAFRAY (lib. Hachette).

Leçons primaires des sciences physiques et naturelles, par FOCILLON (lib. OUDIN).

Manuel explicatif des tableaux de la 1re série de la collection DEYROLLE.

Physique et chimie de RENÉ LEBLANC (lib. André-Guédon).

MOTS EXPLIQUÉS

Fonction. — On désigne sous ce nom l'ensemble des actes accomplis par divers organes. La *digestion*, la *circulation*, la *respiration*, sont des fonctions.

Organes. — Les organes sont les divers instruments au moyen desquels s'accomplissent les fonctions. L'*estomac*, le *cœur*, les *poumons*, sont des organes.

Appareil. — On désigne sous le nom d'appareil un ensemble de plusieurs organes concourant à produire une même fonction. On dit : *Appareil de la digestion*, de la *circulation*, etc.

Système. — En anatomie, on appelle système un ensemble d'organes ou de tissus de *même nature* et destinés à des fonctions analogues. On dit le *système nerveux*, *osseux*, *musculaire*, etc.

Sécrétion. — On donne le nom de sécrétion à la formation de certaines humeurs dans des organes spéciaux appelés *glandes*. La formation de la salive dans les glandes salivaires est une sécrétion. Il en est de même de la production de la *bile* dans le *foie*, de l'*urine* dans les *reins*, etc.

MOIS D'OCTOBRE

PROGRAMME. — *L'homme.* — Le squelette. — Digestion. — Circulation. — Respiration.

Tous les êtres qui se trouvent sur la terre peuvent être rangés en trois grands groupes ou *règnes*.

Les deux premiers groupes comprennent tous les êtres vivants, *animaux* et *végétaux*; le troisième comprend les *minéraux*.

Les *êtres vivants* se nourrissent et grandissent; leur existence est limitée ; ils finissent toujours par mourir.

Les *animaux* vivent, se meuvent volontairement et sont doués de sensibilité.

Les *végétaux* vivent, mais ne se meuvent point. Ils ne sentent point non plus.

Quant aux *minéraux*, on les trouve tout faits dans la terre. Ils ne vivent pas et, par conséquent, leur existence est illimitée.

Description sommaire du corps de l'homme.

L'organisation du corps de l'homme se rapproche beaucoup de celle des animaux les plus parfaits.

Il y a dans notre corps, des parties dures appelées *os*, des parties molles connues sous le nom de *chair* et différents *organes* qui ont chacun un travail particulier à accomplir pour entretenir la vie.

Squelette.

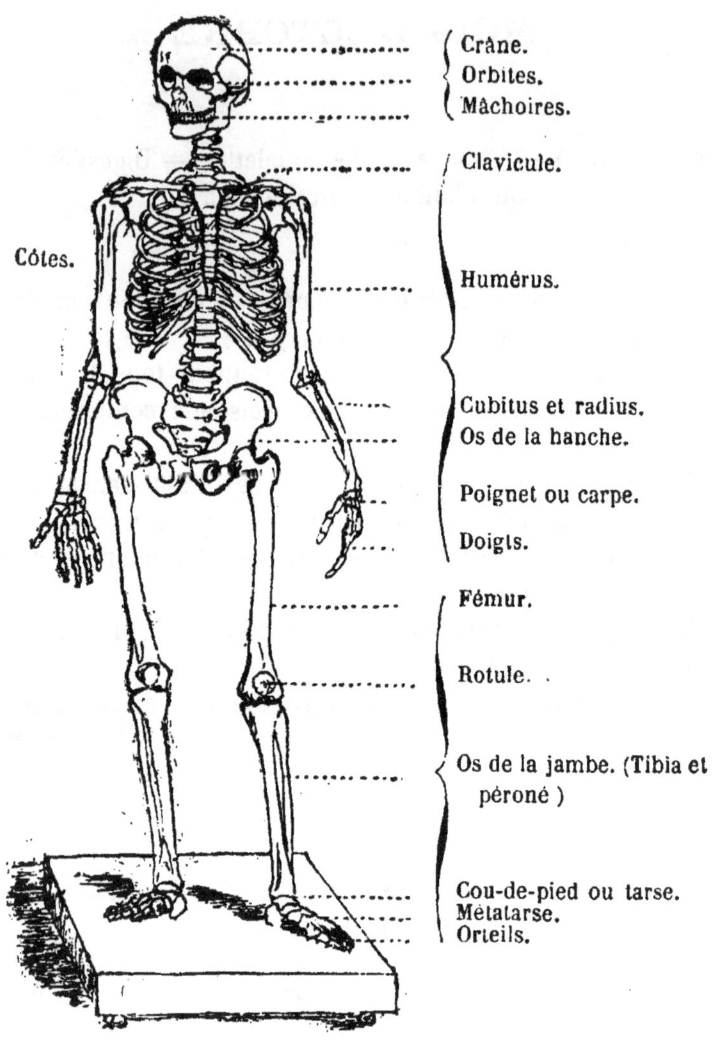

Squelette de l'homme.

L'ensemble des os s'appelle le *squelette*.

Le squelette forme une sorte de charpente destinée à soutenir les chairs.

Les os sont composés d'une matière pierreuse contenant beaucoup de chaux, et d'une autre matière organique, gélatineuse, qui peut être dissoute dans l'eau très chaude, et qui sert principalement à faire de la *colle-forte*.

Le squelette de l'homme peut se décomposer en trois parties : la *tête*, le *tronc*, et les *membres*.

La tête. — La tête comprend les os du *crâne* et ceux de la *face*.

Le crâne est une boîte osseuse qui renferme le *cerveau*.

Dans la face se trouvent les *orbites*, les *os des pommettes*, les *fosses nasales* et deux *mâchoires*.

Sur les mâchoires sont implantées les *dents*.

Il y a trois espèces de dents : les *incisives* qui servent à couper les aliments, les *canines*, qui servent à les déchirer, et les *molaires* (meules) qui servent à les broyer.

Le tronc. — Le tronc comprend la *colonne vertébrale*, le *sternum* et les *côtes*.

La *colonne vertébrale* ou *épine dorsale* est formée par une suite de petits os empilés les uns sur les autres et qu'on nomme *vertèbres*

Vertèbre vue de face.

Vertèbre vue en dessus.

Les *côtes* sont des os courbés en forme d'arceaux. Elles se réunissent en avant à un os plat nommé *sternum*. L'ensemble forme une sorte de cage qu'on nomme la *poitrine*.

Les membres.— On distingue les membres supérieurs et les membres inférieurs.

Les *membres supérieurs* sont formés de plusieurs parties, savoir :

Le *bras* (1 os, l'*humérus*), l'*avant-bras* (2 os, le *cubitus* et le *radius*), le *poignet* (ou *carpe* formé par plusieurs petits os), la *paume* (ou *métacarpe*, 5 os) et les *doigts*, formés chacun par plusieurs os qui forment les *phalanges*.

Les bras sont reliés au corps par les *épaules*. Chaque épaule a deux os, l'*omoplate* et la *clavicule*.

Dans les *membres inférieurs*, on distingue aussi plusieurs parties. Ce sont : la *cuisse* (1 os, le *fémur*), la *jambe* (2 os, le *tibia* et le *péroné*), le *cou de-pied* (formé par plusieurs os), la *plante* ou *métatarse* et les phalanges des *orteils*.

Les cuisses sont reliées aux os des *hanches* qui forment ce qu'on appelle le *bassin*.

ARTICULATION. — L'endroit où deux os se réunissent s'appelle une *articulation*.

MUSCLES. — Les *muscles* forment ce qu'on désigne communément sous le nom de *maigre de viande*. Ils sont formés par filaments appelés *fibres*. Les muscles, en se raccourcissant font mouvoir les os sur lesquels ils sont fortement attachés au moyen de cordons blancs appelés *tendons*.

NOTES COMPLÉMENTAIRES. — *Rachitisme.* — « La matière pierreuse » donne aux os leur rigidité ; sans cela, ils seraient mous et flexibles, » par suite d'une nourriture mal appropriée, les os de l'enfant restent » trop longtemps à l'état mou et élastique. Les os de l'épine dorsale » fléchissent ; les os des jambes, ne pouvant soutenir le poids du » corps, se courbent en cerceau. L'enfant est comme on dit, *rachitique*, » il y a de grandes chances, s'il vit, pour qu'il soit bossu ou boiteux. (1) »

Fracture. — Lorsqu'on s'est cassé un os, on dit qu'il y a fracture. Il faut dans ce cas, transporter le blessé avec précaution pour ne pas déchirer les chairs et appeler le médecin immédiatement.

Entorse. — *Luxation.* — « Quand on fait un faux pas, les ligaments des articulations sont fortement tiraillées. Il en résulte une *entorse*.

(1) *P. Bert* : 1re année d'enseignement scientifique. — Lib. Colin.

Si les ligaments sont déchirés il y a alors ce qu'on appelle une *luxation* . »

Rhumatisme. — Les *rhumatismes* sont des douleurs qui ont leur siège dans les muscles. Le froid humide est la cause principale des rhumatismes.

Digestion.

La *digestion* est un travail intérieur qui se fait après chacun de nos repas, et qui a pour but de rendre soluble une partie des aliments que nous avons mangés.

Cette fonction s'accomplit au moyen d'organes dont l'ensemble constitue l'*appareil digestif*.

Nous mâchons d'abord les aliments pour les broyer. Ce travail est facilité par l'écoulement de la salive. Quand les aliments sont broyés, la langue les ramasse et ils sont avalés (*déglutition*). Ils descendent alors dans un tuyau appelé *œsophage* et arrivent dans une espèce de sac nommé *estomac*. L'estomac secrète un suc particulier appelé *suc gastrique* qui est un des agents les plus importants de la digestion. De l'estomac, les aliments entrent dans l'*intestin grêle* et enfin dans le *gros intestin*.

Outre la salive et le suc gastrique, il y a le *suc pancréatique* et la *bile*, qui achèvent de rendre les aliments liquides. Sous cette forme, ils peuvent se mêler intimement au sang et servir à nous nourrir. Ce qui n'a pas été digéré est rejeté au dehors.

NOTES COMPLÉMENTAIRES.— *Hygiène de la digestion* — Si l'on veut se bien porter, il importe de régler ses repas, de prendre des aliments sains, de bien les mâcher et surtout de ne pas trop manger.

Il ne faut manger que des fruits mûrs et qu'on connait bien

Les aliments bien cuits se digèrent mieux.

Empoisonnement.— « Quand un poison a été avalé il faut, en attendant l'arrivée du médecin, se hâter de faire vomir le malade, car il est possible que tout le poison ne soit pas absorbé, et qu'il en reste encore dans l'estomac. Le plus simple pour faire vomir est de faire avaler beaucoup d'eau tiède et de chatouiller le fond de la gorge avec les barbes d'une plume.» (1).

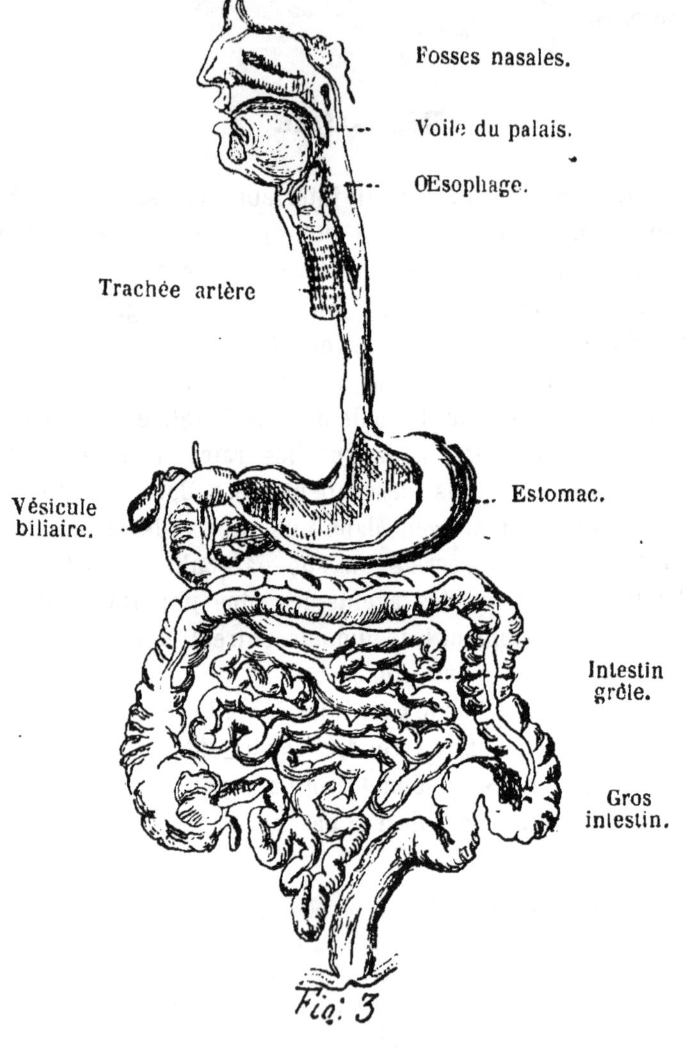

Appareil digestif.

(1) *P. Bert :* 1re année d'enseignement scientifique.

Circulation.

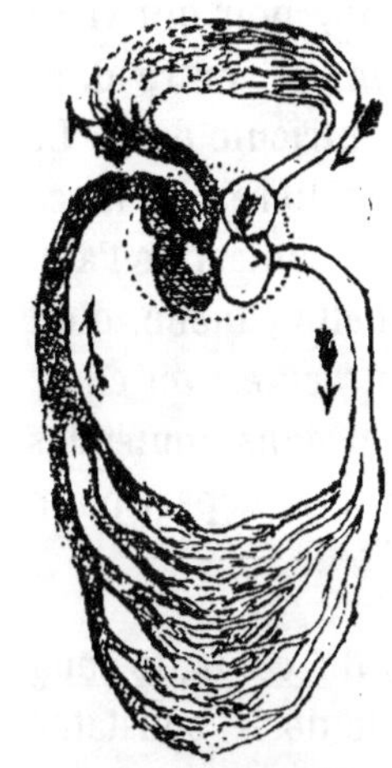
Figure théorique de la circulation.

Le sang est un liquide rouge qui contient tout ce qui est nécessaire à l'entretien et au développement de notre corps.

La *circulation* est le mouvement continuel et pour ainsi dire circulaire du sang qui se porte du cœur aux organes et des organes au cœur.

Le transport du sang aux organes se fait dans des vaisseaux appelés *artères* et son retour au cœur se fait dans d'autres vaisseaux appelés *veines*.

Le cœur et les vaisseaux qui en dépendent constituent l'*appareil circulatoire*.

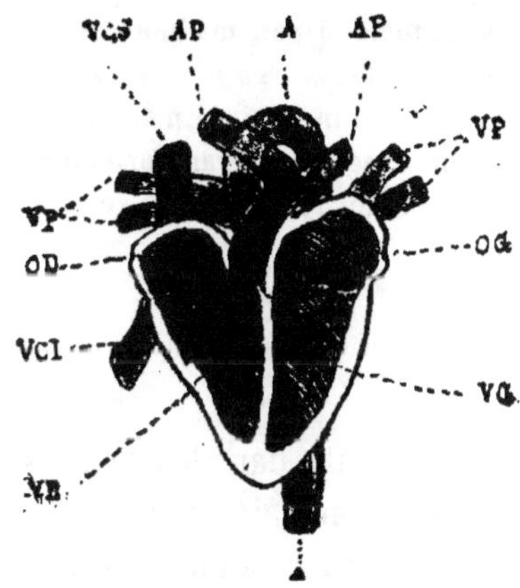

Coupe du cœur.
OD, oreillette droite; OG, oreillette gauche; VD, ventricule droit; VG, ventricule gauche; A, aorte; V, veines.

Cœur. — Le cœur est un des organes essentiels à la vie. Il est situé dans le thorax, entre les poumons la pointe tournée vers la gauche.

Le cœur est divisé en quatre parties et peut être considéré comme formé de deux organes distincts: le *cœur droit*, appelé encore cœur noir ou veineux, et le *cœur gauche* appelé aussi cœur rouge ou artériel.

Chaque cœur est divisé en deux parties : l'une supérieure, l'*oreillette*, l'autre inférieure, le *ventricule*.

MÉCANISME DE LA CIRCULATION. — Le sang noir qui vient de toutes les parties du corps par les veines entre dans l'oreillette droite et passe de là dans le ventricule droit. Le cœur, qui se contracte d'une manière régulière, le lance ensuite dans les poumons où il se revivifie au contact de l'air. Le sang revient alors au cœur dans l'oreillette gauche, d'où il passe dans le ventricule gauche. Les contractions du cœur le poussent dans les artères qui se ramifient dans toutes les parties du corps Il revient enfin à son point de départ pour accomplir de nouveau le même trajet.

LE POULS. — Par suite des contractions du cœur, le sang circule dans les artères par flots. Il est facile de le constater en pressant avec la main sur une artère voisine de la surface de la peau. On donna le nom de *pouls* à ce phénomène.

NOTES COMPLÉMENTAIRES. — Une veine peut être ouverte sans qu'il y ait une trop grande perte de sang, mais si par malheur on se coupe une artère, le sang jaillit avec force et l'*hémorragie* ne s'arrête pas d'elle-même. Il faut dans ce cas recourir au médecin. En attendant que le médecin arrive, on peut arrêter l'hémorragie en serrant fortement avec une corde un peu au-dessus de l'endroit où l'artère a été coupée.

Respiration.

Le sang qui part du cœur et qui circule dans les artères est rouge, c'est du bon sang. Mais dans son trajet, il s'altère, il devient brun-noirâtre ; il est alors impropre à entretenir la vie. Au contact de l'air, le sang noir se purifie.

C'est pour purifier notre sang, qu'à chaque instant nous sommes obligés d'aspirer et d'expirer de l'air. Cette fonction s'appelle la *respiration*.

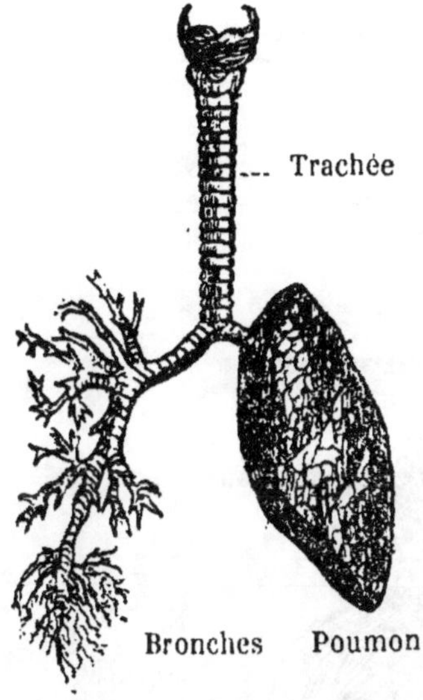

Appareil respiratoire.

ORGANES RESPIRATOIRES. — Les organes de la respiration sont les *poumons*.

Les poumons forment ce qu'on connaît ordinairement sous le nom de *mou*. Ils sont au nombre de deux. Ils communiquent avec la bouche par un tuyau appelé *trachée-artère*. Ce tuyau se divise à sa base en deux branches qui forment dans chaque poumon une multitude de petits tubes appelés *bronches*. C'est dans les bronches que le sang et l'air se rencontrent.

NOTES COMPLÉMENTAIRES. — L'air qui sort des poumons n'est plus respirable ; il renferme beaucoup de gaz carbonique. Comme pour bien se porter, il importe de respirer un air sain, il faut avoir soin de renouveler souvent l'air des appartements et, en particulier, celui des chambres à coucher.

Asphyxie. — Lorsqu'on ne peut plus faire entrer dans ses poumons l'air nécessaire à la respiration, ou si on respire un gaz impropre à purifier le sang, on ne tarde pas à mourir. On dit alors qu'on est asphyxié.

Devoirs à faire :

N° 1. — Différentes parties du squelette de l'homme. — Principaux os. (Faire le devoir sous forme de tableau).

N° 2. — But de la digestion. — Comment se fait la digestion.

N° 3. But de la circulation. — Comment se fait la circulation. (Dessiner une coupe de cœur.)

N° 4. — But de la respiration. — Comment se fait la respiration. — Asphyxie.

MOIS DE NOVEMBRE

PROGRAMME. — Le système nerveux. — Les sens.

Système nerveux.

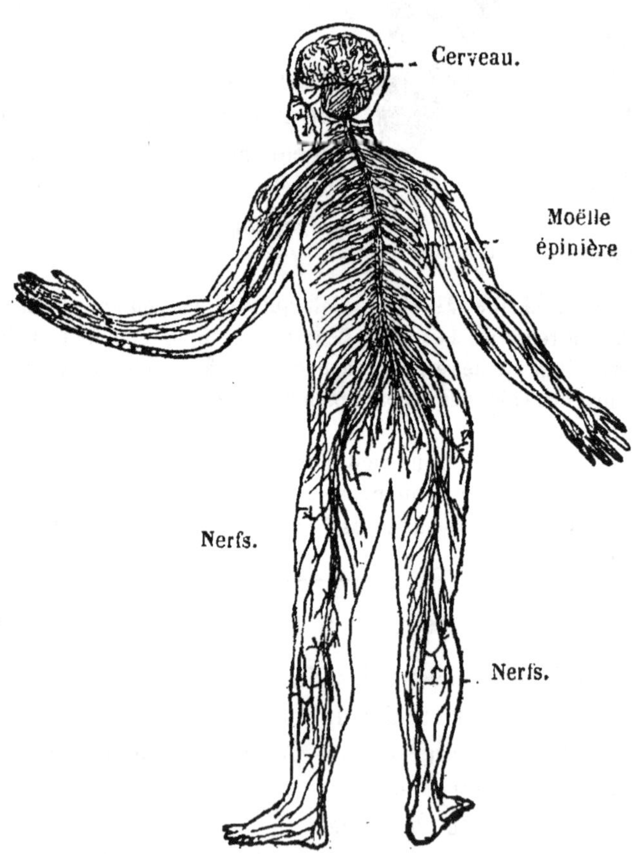

Système nerveux.

Le système nerveux a un rôle très important. C'est par lui que nous avons la faculté de sentir, de connaître, et celle d'exécuter des mouvements volontaires.

Le système nerveux comprend le *cerveau*, la *moelle épinière* et les *nerfs*.

CERVEAU. — Le cerveau (vulgairement nommé *cervelle*) est une grosse masse, grise au dehors, blanche en dedans, qui remplit la cavité du crâne. La masse du cerveau est divisée en deux parties qui présentent à leur surface des sillons plus ou moins profonds.

C'est le cerveau qui est le siège de l'intelligence et de la volonté.

La MOELLE ÉPINIÈRE est une espèce de cordon blanc qui se trouve dans la colonne vertébrale. De la moelle épinière naissent des nerfs qui sortent par les trous des vertèbres.

Les NERFS sont des filets blancs qui se trouvent dans toutes les parties du corps et surtout aux organes des sens.

Il y a des nerfs qui ont pour mission de transmettre au cerveau les sensations; on les appelle *nerfs sensibles* ou *sensitifs*. Il y en a d'autres qui transmettent aux muscles la volonté, l'ordre du cerveau et qui font exécuter les mouvements; on les appelle *nerfs moteurs*.

Parmi les maladies du système nerveux, les plus graves sont la *paralysie* et les *maladies mentales*.

SYSTÈME DU GRAND SYMPATHIQUE. — On trouve chez l'homme et chez les vertébrés un autre appareil nerveux appelé *système du grand sympathique*. Il se compose d'un certain nombre de petites masses nerveuses situées à la tête, dans la poitrine et dans l'abdomen. Ces *ganglions nerveux* fournissent une multitude de nerfs qui se rendent aux organes de la nutrition (poumons, cœur, intestins, etc.) pour leur faire accomplir leurs fonctions sans l'*intervention de notre volonté*. Nous sommes ainsi dispensés de songer à respirer, à digérer, etc.

Les sens.

C'est par les *sens* que nous prenons connaissance de tout ce qui nous entoure.

Les sens sont au nombre de cinq : le *toucher*, le *goût* l'*odorat*, l'*ouïe*, la *vue*.

Le Toucher. — Le toucher nous avertit du contact des corps extérieurs. Il s'exerce par tout notre corps, grâce aux nerfs qui aboutissent à toutes les parties de notre peau, Mais, quand nous voulons bien connaître un objet, c'est-à-dire avoir des notions exactes sur les diverses qualités de sa surface, sur sa grandeur, sa forme, sa température, sa consistance, etc., nous le touchons avec la main qui est l'organe principal du toucher.

Pour que le sens du toucher conserve sa délicatesse, il faut que la peau soit bien propre et qu'elle n'offre pas de *durillons*.

La peau est formée par deux membranes superposées : le *derme* et l'*épiderme*. L'épiderme est percé de nombreux petits trous qu'on nomme *pores* et à travers lesquels s'échappe la sueur.

Le Gout. — Le goût nous fait distinguer les saveurs. Il a pour organe la *langue*.

Les corps insolubles n'ont pas de saveur.

L'Odorat. — L'odorat nous sert à percevoir les odeurs. Ce sens a pour organe la surface interne du nez, où vient se ramifier le *nerf olfactif*.

Les substances volatiles seules sont odorantes.

L'OUÏE. — L'ouïe nous donne connaissance du bruit et des sons, et a pour organe l'*oreille* où se rend le *nerf auditif*.

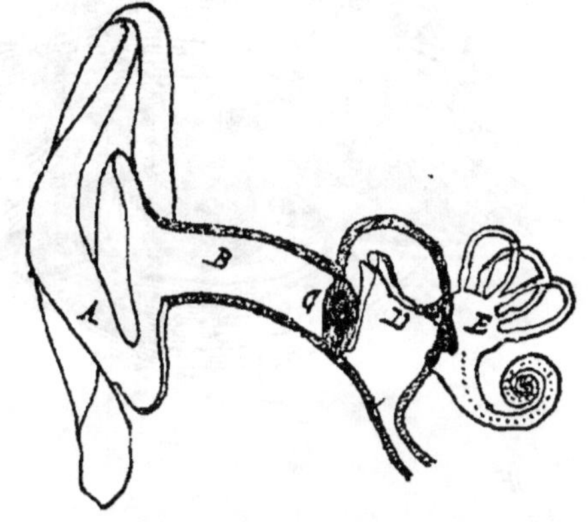

A conque auditive.
B conduit auditif externe.
C membrane du tympan.
D osselets de l'ouïe et oreille moyenne.
E oreille interne.

Oreille.

Les sons sont recueillis par une sorte de cornet appelé *pavillon*; de là ils passent dans un conduit appelé *tube auditif*.

Au fond du tube auditif se trouve une membrane, tendue comme la peau d'un tambour, qui transmet à son tour les sons à des organes intérieurs dont l'ensemble est assez compliqué.

HYGIÈNE. — Pour conserver l'oreille en bon état, il faut la tenir très propre, ne jamais y introduire de corps durs et éviter les courants d'air.

LA VUE. — L'organe de la vue est l'œil. C'est un globe formé par plusieurs membranes, dont l'une d'elles forme le blanc de l'œil, devient transparente en avant et prend alors le nom de *cornée transparente*.

Derrière la cornée se trouve une espèce de voile tendu; c'est l'*iris*, qui donne aux yeux leur couleur. L'iris est percé d'un trou appelé *pupille* par lequel la lumière entre dans l'œil après avoir traversé une sorte de lentille appelée *cristallin*.

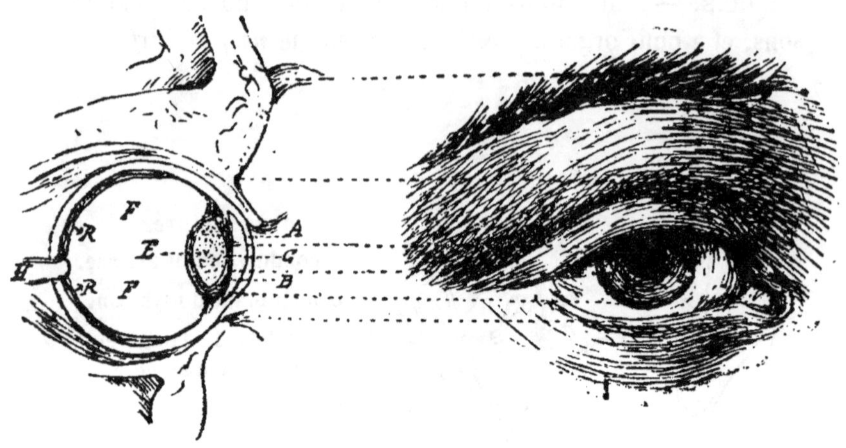

Œil.

A. cornée transparente : B. iris ; C. pupille ; E. cristallin ; F. humeur vitrée ; H. nerf optique ; R. rétine.

Les images des objets qui nous environnent se forment dans notre œil comme dans la chambre noire du photographe et viennent impressionner le *nerf optique* qui s'épanouit au fond de l'œil.

Les personnes qui ne voient pas bien de loin sont atteintes de la *myopie* ; celles qui ne voient bien que de loin sont *presbytes*.

Diverses sortes de lentilles corrigent ces infirmités. De là l'usage des lunettes.

Hygiène. — La myopie résulte souvent de l'habitude qu'on a d'approcher trop son livre des yeux, de se pencher trop sur son cahier ou de lire des caractères trop fins.

Pour conserver une bonne vue, il faut éviter de s'exposer à une lumière trop intense pour ne pas fatiguer les yeux. Les longues veillées et le travail dans une demi-obscurité sont aussi nuisibles à la vue.

Devoirs à faire :

N° 1. — Différentes parties du système nerveux. — Rôle du cerveau et des nerfs.

N° 2. — Les sens. — Ce à quoi ils servent. — Le toucher.

N° 3. — Le goût. — L'odorat. — L'ouïe. — Organes et fonctions.

N° 4. — La vue. — Description de l'œil. — Conditions nécessaires pour conserver une bonne vue.

MOIS DE DÉCEMBRE

PROGRAMME. — Division des animaux en *vertébrés*, *annelés*, *mollusques*, *zoophytes*.
Division des vertébrés en Mammifères, Oiseaux, Reptiles, Batraciens et Poissons. (Citer ou montrer des types.)
Révision du trimestre.

Division des animaux en vertébrés, annelés, mollusques, zoophytes.

Il existe un très grand nombre d'animaux divers.

Pour les étudier plus facilement, il a fallu mettre dans un même groupe ceux qui se ressemblent le plus par leur conformation. C'est ainsi qu'on a partagé le règne animal en quatre grands groupes ou *embranchements* savoir : les *vertébrés*, les *annelés*, les *mollusques*, les *zoophytes*.

VERTÉBRÉS. — Le groupe des vertébrés comprend tous les animaux qui ont un squelette osseux et par conséquent une colonne vertébrale. Un *cheval*, un *chien*, une *poule*, un *serpent*, une *grenouille*, un *hareng*, etc., sont des animaux vertébrés.

ANNELÉS. — Les annelés sont des animaux sans os. On les appelle ainsi parce que leur corps semble composé d'anneaux parfois très apparents comme dans le *mille-pieds*, quelquefois visibles seulement dans la dernière partie du corps.

Un *hanneton*, un *papillon*, une *mouche*, une *écrevisse*, un *ver de terre*, une *sangsue*, etc., sont des annelés.

MOLLUSQUES. — Les mollusques sont des animaux à *corps mou*. Quelques-uns sont protégés par des enveloppes calcaires, ou *coquilles*.

La *limace*, l'*escargot*, la *moule*, l'*huître*, la *pieuvre*, sont des mollusques.

ZOOPHYTES. — Les zoophytes (*animaux plantes*) sont ainsi appelés parce qu'un certain nombre d'espèces, lorsqu'elles sont agrégées, affectent des formes qui rappellent celles d'un arbre, comme le *corail rouge* par exemple.

Les *étoiles de mer*, les *oursins* ou châtaignes des mers sont aussi des espèces du type des zoophytes.

Division des vertébrés en mammifères, oiseaux, reptiles, batraciens et poissons.

Le nombre des vertébrés est considérable, aussi pour mieux se retrouver dans l'étude des animaux de ce groupe, on a fait des divisions plus petites qu'on a appelées *classes*. Ainsi on a divisé l'embranchement des vertébrés en cinq classes : les *mammifères*, les *oiseaux*, les *reptiles*, les *batraciens*, et les *poissons*.

MAMMIFÈRES. — Les mammifères sont ainsi appelés parce qu'ils allaitent leurs petits au moyen de *mamelles*. Ils ont le sang chaud, et beaucoup ont le corps recouvert de poils. Le *chien*, le *chat*, la *chèvre*, etc., sont des mammifères.

Oiseaux. — Les oiseaux ont des plumes, deux ailes et deux pattes Ils ont la tête armée d'un bec qui leur tient lieu de lèvres et de dents. Leur respiration est très active et leur sang très chaud. Ils se reproduisent au moyen d'œufs. Ex. : la *poule*, le *pigeon*, le *moineau*, etc.

Reptiles. — Les reptiles sont des animaux qui rampent, c'est-à-dire qui se traînent à terre. Ils ont le sang froid. Les uns ont des pattes trop courtes pour soutenir leur corps au-dessus de la terre, comme le *lézard* et la *tortue*; d'autres, comme les *serpents*, sont complètement dépourvus de membres. Ils ont la peau nue ou recouverte de lames cornées formant des espèces d'écailles. Ils se reproduisent au moyen d'œufs.

Batraciens. — Les *batraciens* ou *amphibiens* sont des animaux à peau nue, ayant quatre membres et essentiellement caractérisés par les changements de formes ou *métamorphoses* qu'ils subissent dans leur jeune âge.

On distingue les batraciens dépourvus de queue comme les *grenouilles* et les *crapauds*, et les batraciens pourvus de queue comme les *salamandres*.

Poissons. — Les Poissons sont des *animaux aquatiques*, à sang froid. Ils ont généralement le corps recouvert d'*écailles*. Leurs membres sont remplacés par des nageoires qui leur servent à se diriger. Les poissons n'ont pas de poumons ; ils respirent, au moyen de *branchies*, l'air contenu dans l'eau. C'est pourquoi on les voit sans cesse avaler de l'eau qui sort par deux larges fentes appelées les *ouïes*.

Récapitulation Trimestrielle.

Devoirs à faire :

N° 1. — Caractères des animaux vertébrés. — Principaux groupes d'animaux vertébrés. — Citer des types.

N° 2. — Caractères des mammifères et des oiseaux. — Citer des types.

N° 3. — Caractères des reptiles, des batraciens et des poissons. — Citer des types.

N° 4. — Faire un tableau de la division des vertébrés en cinq classes [1].

---

(1) Le maître préparera un tableau résumant les principaux caractères ; les élèves le rempliront.

MOIS DE JANVIER

PROGRAMME. — *Principaux mammifères.* — Bimanes, Quadrumanes, Carnivores, etc.

Caractères et sujets principaux.

Principaux oiseaux. — Passereaux, Gallinacés, Palmipèdes, etc.

Oiseaux de proie diurnes et nocturnes (les utiles et les nuisibles).

Principaux mammifères.

Parmi les mammifères, il y a des animaux qui présentent des caractères de ressemblance et des différences assez sensibles pour qu'on puisse encore faire des catégories. Ces nouvelles divisions s'appellent *ordres.* Voici les principaux ordres :

BIMANES. — L'homme est un bimane (2 mains). C'est le plus parfait de tous les êtres dont il se distingue par l'intelligence et la raison.

Il marche debout. Il a des mains délicates avec lesquelles il peut prendre les objets et les palper.

Tous les hommes ne ressemblent point à ceux de notre pays. Il y a différentes races d'hommes qu'on désigne par le nom de la couleur de leur peau.

Nous appartenons à la *race blanche.*

Les Chinois ont la peau jaunâtre, les cheveux plats, les yeux obliques. Ils appartiennent à la *race jaune*.

Les *nègres* ont la *peau noire*, les cheveux frisés et comme de la laine, le nez épaté. Ils sont moins intelligents que les blancs.

En Amérique, il y a des hommes qui ressemblent aux Chinois, mais qui ont la peau rouge. On les appelle les *peaux-rouges*.

QUADRUMANES. — Les *singes* sont des quadrumanes. On les appelle ainsi parce qu'ils ont quatre mains. Ils ressemblent beaucoup à l'homme, mais il leur manque la raison.

Parmi les nombreuses espèces de singes, on remarque le *Chimpanzé*, qui ressemble le plus à l'homme et qui est doué d'une force prodigieuse: l'*orang-outang* (Bornéo et Sumatra); le *magot*, le singe des bateleurs; le *gorille* (Gabon, Guinée) qui atteint jusqu'à deux mètres; le *sapajou*, etc.

CARNIVORES. — L'ordre des carnivores ou carnassiers comprend les animaux qui se nourrissent de viande. Les animaux carnassiers ont des mâchoires puissantes, pourvues de canines très développées. Leurs pattes sont armées de griffes. Il y en a qui marchent sur l'extrémité des doigts (*digitigrades*) comme le *chat*, le *lion*, le *tigre*, la *panthère*, le *chien*, le *loup*, le *renard*, etc ; d'autres marchent sur la plante des pieds (*plantigrades*) comme les *ours*.

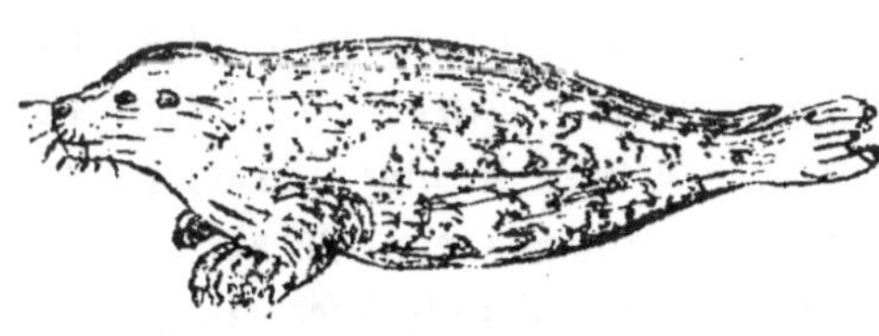

Phoque.

AMPHIBIES. — Les amphibies comprennent les *phoques* et les *morses*. Ce sont des animaux qui ont la respiration aérienne, mais qui sont destinés à passer une partie de leur vie dans l'eau. Leurs pattes sont aplaties et transformées en nageoires.

Chauve-Souris.

CHAUVES - SOURIS. — Les chauves-souris sont caractérisées par un repli de la peau supporté par les membres antérieurs et qui va envelopper les membres postérieurs, ce qui leur permet de voler. Les chauves-souris ont des poils, des oreilles et des dents. Ces animaux dorment le jour et font, la nuit, une chasse active aux insectes. En hiver, elles se retirent dans des abris obscurs où elles se suspendent la tête en bas.

INSECTIVORES. — Les insectivores comprennent des animaux qui se nourrissent d'insectes. Ils sont de petite taille. Les principaux sont : le *hérisson*, la *taupe* et la *musaraigne* qu'il ne faut pas confondre avec la souris. Tous sont utiles à l'agriculture.

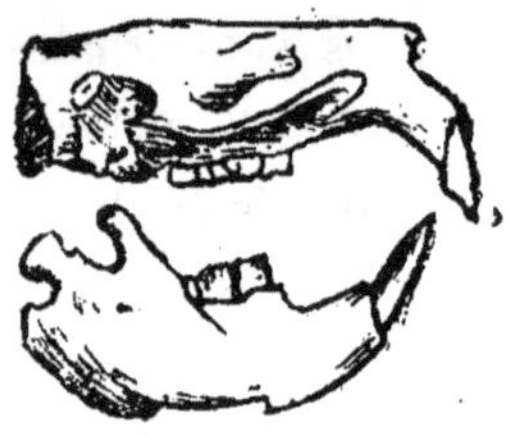
Dentition d'un Rongeur.

RONGEURS. — Les animaux de cet ordre sont très nombreux. Beaucoup se nourrissent d'herbes ou de fruits. Ils ont aux mâchoires de longues dents incisives qui leur servent à ronger et qui repoussent au fur et à mesure qu'elles s'usent. Les principaux rongeurs sont : l'*écureuil*, le *rat* qui ronge tout ce qu'il trouve; la *souris*, hôte incommode de nos maisons ; le *mulot*, qui cause des dégâts considérables dans les champs ; le *loir* qui s'attaque aux fruits ; le *lièvre*, le *lapin*, etc.

PACHYDERMES. — Les pachydermes sont des animaux à *peau épaisse*. Ils sont herbivores et ont les dents disposées comme des meules. Leurs pieds sont terminés par des *sabots*.

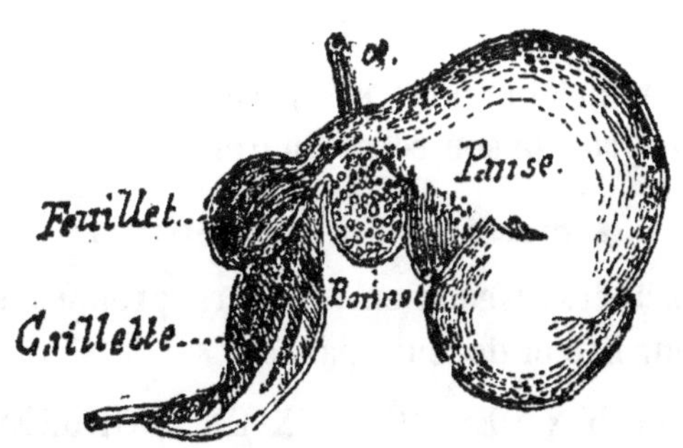

Estomac d'un Ruminant.

Les principaux pachydermes sont : les *éléphants*, aux défenses d'ivoire; le *cheval*, l'*âne*, le *zèbre*, l'*hippopotame*, qui vit dans les rivières du centre et du midi de l'Afrique; le *rhinocéros* qui vit dans les marécages de l'Asie et de l'Afrique.

RUMINANTS. — Les ruminants sont des animaux qui, après avoir mangé sans mâcher suffisamment leurs aliments, les font revenir dans la bouche pour les mâcher une seconde fois et les digérer plus facilement ensuite. Ils sont caractérisés par un *estomac à quatre poches*. Ils manquent ordinairement d'incisives supérieures et souvent de canines. Leur tête porte des *cornes* ou des *bois* qui se ramifient. Ils ont à chaque pied deux doigts terminés par des sabots.

Le *bœuf*, la *chèvre*, le *mouton* sont des ruminants.

CÉTACÉS. — Les cétacés comprennent les *dauphins*, les *cachalots* et les *baleines*.

Ces animaux ne quittent jamais la mer.

Les *baleines* sont des animaux énormes ; il y en a qui atteignent 25 m. de longueur.

Baleine.

On pêche la baleine pour ses *fânons* et pour la couche huileuse qui protège son corps du froid.

Principaux Oiseaux.

On a réparti les oiseaux en plusieurs groupes suivant la forme de leur bec et de leurs pattes.

DIVISION DES OISEAUX EN 6 ORDRES.

1° RAPACES. Doigts libres, trois en avant, un en arrière, bec et ongles crochus.	DIURNES (chassent le jour).	UTILES : Buse, Bondrée, Cresserelle, Vautour (débarrasse certaines contrées des cadavres). NUISIBLES : Aigle, Faucon, Épervier.
	NOCTURNES (chassent la nuit).	UTILES : Effraie, Hibou, Chouette, Petit-Duc, Chevêche commune, Chat-Huant. NUISIBLE : Grand-Duc.

Tête et Serre d'Aigle.

2° PASSEREAUX. Doigts réunis par une membrane très peu étendue. Bec droit ou conique.	UTILES : Engoulevents (nocturnes). Martinets, Hirondelles, Gobe-mouches, Bergeronnettes, Hoche-queue, Rouges-gorges, Rossignols, Fauvettes, Mesanges Alouettes, Chardonnerets, Linottes, Pinsons, Moineaux, Etourneaux, etc. (se nourrissent d'insectes). NUISIBLES : Corbeaux, Pies, Geais.

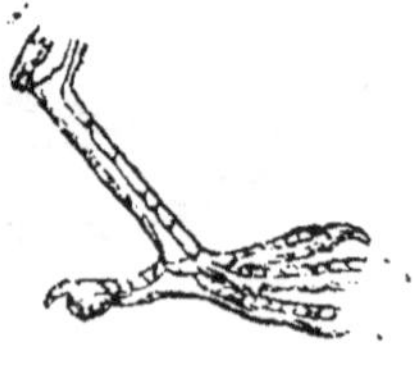

Tête et Patte de Passereau (Moineau).

3° GRIMPEURS.

Deux doigts en avant et deux en arrière, ce qui leur permet de serrer fortement les branches.

Utiles : Coucous, Pics, (font une chasse active aux insectes qui se logent dans le bois), Toucans, Perroquets.

Tête et patte de grimpeur (Perroquet).

4° GALLINACÉS.

(*Gallina, poule.*) Trois doigts en avant, un en arrière.

Paons, Dindons, Pintades, Faisans, Coqs, Perdrix, Cailles, Tourterelles, Pigeons.

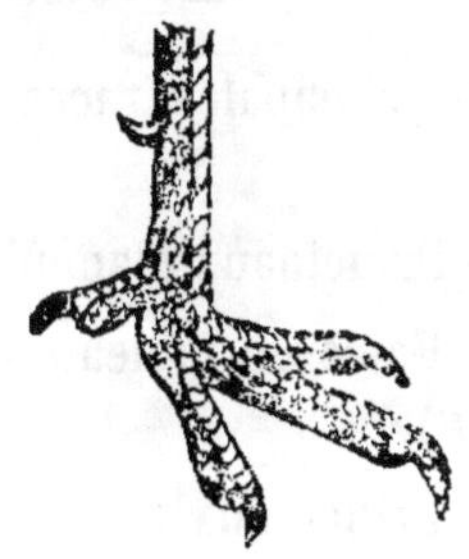

Tête et Patte de Gallinacé (Dindon).

5° ECHASSIERS.

(De échasse). Jambes très longues, cou et bec très allongés.

Grues, Hérons, Cicognes (utiles où il y a des vipères), Pluvier, Vanneau, Bécasse, Autruche.

Tête et Patte d'Echassier (Cigogne).

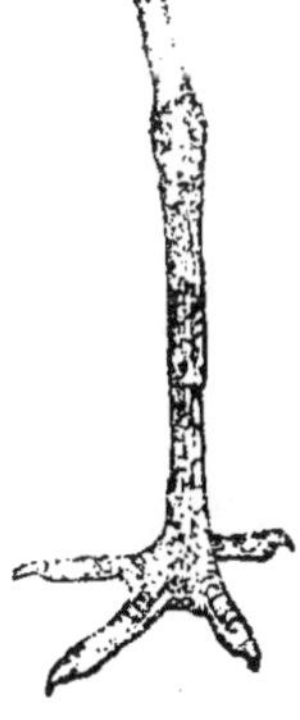

6° PALMIPÈDES.	
Pieds courts, situés à l'arrière du corps et complètement palmés. Bec ordinairement aplati et dentelé sur ses bords.	UTILES : Cygne, Oie, Canard, Pélican, Pingouin, Albatros, Eyder. NUISIBLES : Cormoran, Plongeon.

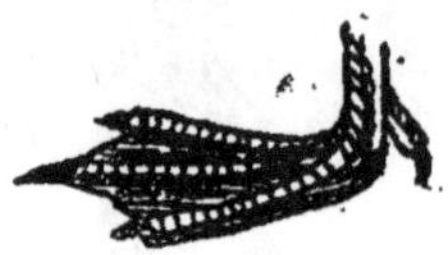

Tête et Patte de Palmipède (*Canard*).

Devoirs à faire :

N° 1. — Principales races d'hommes. — Caractères distinctifs.

N° 2. — Principaux mammifères (les utiles et les nuisibles).

N° 3. — Faire un tableau de la division des mammifères en ordres (1).

N° 4. — Principaux oiseaux (les utiles et les nuisibles).

(1) Le maître préparera un tableau résumant les principaux caractères; l'élève le remplira.

MOIS DE FÉVRIER

PROGRAMME. — *Les principaux reptiles.* — Serpents venimeux et non venimeux. — Cautérisation des blessures. — Tortues, lézards.

Amphibiens. — Grenouille, Crapaud. — Leur utilité.

Principaux poissons.

Principaux Reptiles.

On distingue trois groupes parmi les reptiles : les *serpents*, les *tortues* et les *lézards*.

SERPENTS. — Les serpents sont des reptiles dépourvus de membres. Ils avancent au moyen de replis qu'ils font faire à leur corps. On les divise en *serpents venimeux* et en *serpents non venimeux*.

Le *venin* est une espèce de poison liquide contenu dans deux petites poches qui communiquent avec deux longues dents percées intérieurement d'un canal. Lorsque le serpent mord, le venin s'écoule, entre dans la plaie et se mêle au sang. Ce venin, lorsqu'on n'a point de plaie, peut être absorbé sans danger.

Parmi les serpents venimeux, on remarque le *serpent à sonnettes* qu'on rencontre en Amérique, et dont le venin donne la mort en quelques minutes. Dans les déserts algériens on trouve la *vipère à cornes* dont la morsure est aussi fort dangereuse. En France, nous n'avons qu'un serpent venimeux, c'est la *vipère commune.*

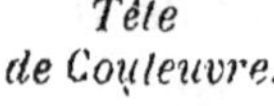

Tête de Couleuvre.

Tête de Vipère.

La vipère se reconnaît à sa *tête triangulaire* et à la *raie noire* qu'elle porte sur le dos.

Les principaux *serpents non venimeux* sont le *boa* (Amérique du Sud), le *python* (Afrique), la *couleuvre*, petit serpent inoffensif fort commun en France.

Cautérisation. — Quand on a été mordu par un serpent venimeux, il faut immédiatement *sucer fortement* la plaie, afin d'empêcher l'absorption du poison, puis on *cautérise* avec un *fer rouge.*

Le *cautère* est un instrument en fer ou en acier que l'on fait rougir au feu et que l'on applique immédiatement sur la partie à cautériser. Les formes du cautère varient à l'infini.

La cautérisation demande un certain nombre de précautions et doit être autant que possible pratiquée par le médecin.

Les Tortues. — Les tortues n'ont point de dents; elles ont une espèce de *bec corné* comme celui des oiseaux. Leur corps est enfermé dans une cuirasse très solide appelée *carapace.*

On trouve dans le midi de la France les *tortues terrestres* qui sont de petite taille. Elles se nourrissent de végétaux, de mollusques et d'insectes et peuvent vivre plusieurs mois sans nourriture.

Les grandes espèces de tortues vivent sur mer. Telle est la *tortue Caret* qu'on chasse pour avoir sa carapace dont on se sert dans l'industrie pour faire des peignes, des boîtes, etc.

La chair et les œufs des tortues sont généralement estimés et servent à l'alimentation dans certains pays.

Lézards. — Les lézards sont des animaux inoffensifs très connus en France. Ceux qu'on trouve communément sont le *lézard gris des murailles* et le *lézard vert*. Les lézards ont une queue longue et fragile qui repousse si on vient à la briser.

Le *crocodile* est une espèce de grand lézard, qui habite les grands fleuves d'Afrique, d'Asie et d'Amérique. Il atteint parfois de 7 à 8 mètres de longueur et est très redoutable à l'homme.

Amphibiens.

Les animaux de ce groupe présentent, dans leur jeune âge, des changements de formes très curieux qu'on appelle *métamorphoses*.

Ces métamorphoses sont surtout remarquables chez le *crapaud*, la *grenouille* et la *rainette*.

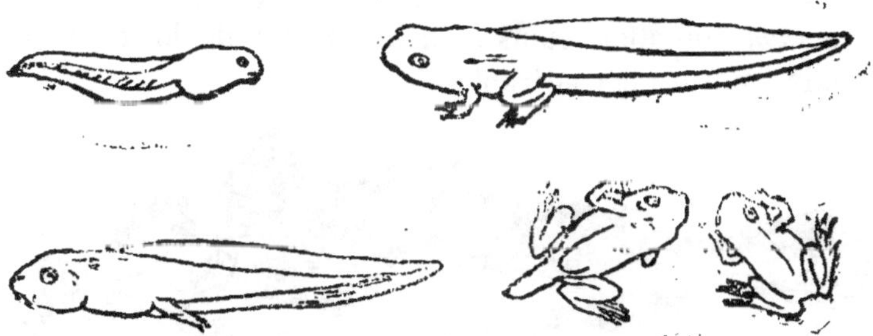

Métamorphoses de la Grenouille.

Le petit animal qui sort d'un œuf de grenouille s'appelle *têtard*. Le têtard a une forme allongée et n'a pas de pattes. Peu à peu, il lui pousse des pattes, la queue se raccourcit et le têtard devient une grenouille parfaite.

Dans leur jeune âge, ces animaux respirent au moyen de branchies; dans l'âge adulte, ils ont la respiration aérienne. De là leur nom d'*amphibiens* qui signifie *vie double*.

Certaines espèces de grenouilles servent dans l'alimentation. Quant aux *crapauds*, ils sont très utiles à nos jardins, car ils détruisent quantité d'insectes, de vers et de limaces.

Les *tritons* (*lézards d'eau*) et les *salamandres* appartiennent au même groupe. Ces animaux subissent des métamorphoses moins complètes que celles des grenouilles et des crapauds.

Principaux poissons.

Les espèces de poissons sont très nombreuses. On distingue les *poissons d'eau douce* et les *poissons de mer*.

Certains poissons peuvent vivre tour à tour dans l'eau douce et dans l'eau salée. Les *saumons*, par exemple, à une certaine époque de l'année, remontent les fleuves, y pondent leurs œufs et y passent quelques mois.

POISSONS DE MER. — Les poissons de mer les plus connus sont :

Le *thon*, qui atteint plus de deux mètres de longueur et dont le poids est considérable.

Morue (Long. 0m90).

La *morue* qui se pêche aux environs de Terre-Neuve. La femelle pond quatre millions d'œufs.

Le *hareng* qui habite les mers du nord, mais qui, au moment de la ponte, s'approche des côtes d'Angleterre et de France. On en pêche alors de très grandes quantités. Une femelle de hareng pond 50 à 60,000 œufs chaque année.

La *sardine*, petite espèce de hareng, est très abondante sur les côtes de la Méditerranée et de l'Océan.

Sole.

On peut encore citer les *maquereaux*, qui arrivent en bandes sur nos côtes en été ; puis les *poissons plats* : *soles*, *plies*, *turbots*, *raies*

Le *requin* est un poisson redoutable qui atteint 10 mètres de longueur.

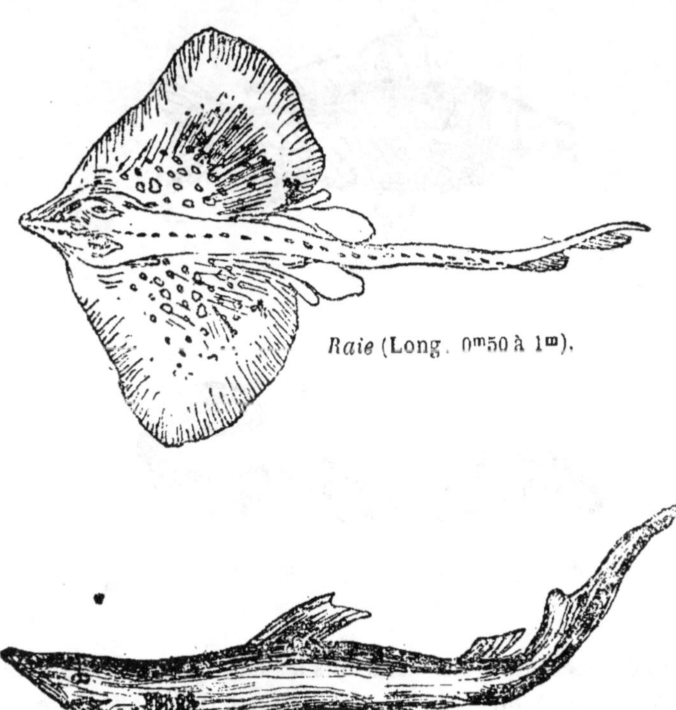

Raie (Long. $0^{m}50$ à 1^{m}).

Requin (atteint 10 mètres).

Poissons d'eau douce. — Les principaux poissons d'eau douce sont : les *brochets*, qui sont très voraces et qui détruisent beaucoup de petits poissons ; la *perche*, la *carpe*, l'*anguille*, qui ressemble à un serpent, les *goujons*, les *ablettes*, les *brêmes*, les *tanches*, les *truites*.

Brochet (Long. 0m40 à 0m70).

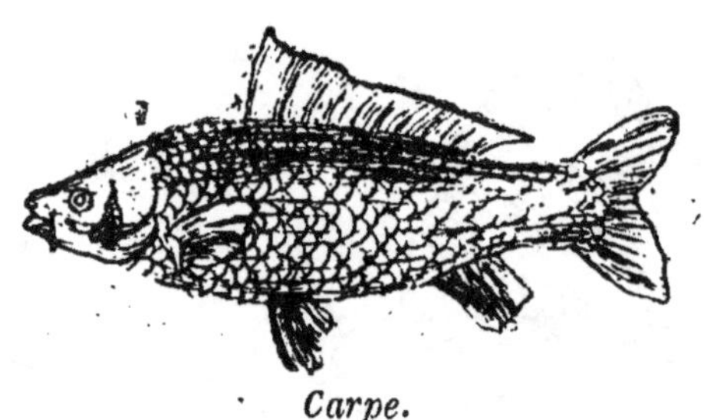

Carpe.

Anguille (Long. 0m60 à 1m).

La pêche est interdite dans tous les cours d'eau à l'époque du *frai*, c'est-à-dire du 15 Avril au 1er Juin, afin que la ponte ne soit point troublée.

Devoirs à faire :

Nº 1. — Serpents venimeux et non venimeux. — Cautérisation des blessures.

Nº 2. — Les lézards. — Les tortues. — Caractères. — Utilité.

Nº 3. — Caractères des batraciens. — Leur développement. Leurs principales sortes. — Utilité.

Nº 4. — Principaux poissons de mer.

Nº 5. — Principaux poissons d'eau douce. — La pêche.

MOIS DE MARS

PROGRAMME. — Principaux insectes (utiles et nuisibles). — Les vers, les araignées.

Les *mollusques*, les *zoophytes*.

Révision du trimestre.

Le corps des *insectes* présente trois parties distinctes : la *tête*, sur laquelle on remarque deux cornes ou *antennes* et des *yeux composés* ; la poitrine ou *thorax*, qui porte trois paires de pattes, le ventre ou *abdomen*.

Un certain nombre d'insectes ont quatre ailes, d'autres n'en ont que deux, d'autres enfin, en sont dépourvus.

Chenille. *Chrysalide.* *Papillon.*

Métamorphoses du Papillon.

Les insectes subissent des métamorphoses, c'est-à-dire des changements. Ainsi le papillon, avant d'être insecte parfait, a existé sous d'autres formes. Au sortir de l'œuf, c'était une *chenille* ; cette chenille s'est ensuite enveloppée d'une coque résistante (*chrysalide*) d'où est sorti plus tard le papillon.

Principaux insectes.

Cantharide.

INSECTES UTILES. — L'*abeille*, produit la cire et le miel.

Le *ver-à-soie*, produit la soie. On l'élève dans les provinces de la vallée du Rhône.

La *cochenille*, fournit le principe colorant avec lequel on fabrique de belles teintures rouges.

La *cantharide*, fournit une poudre employée pour faire les vésicatoires.

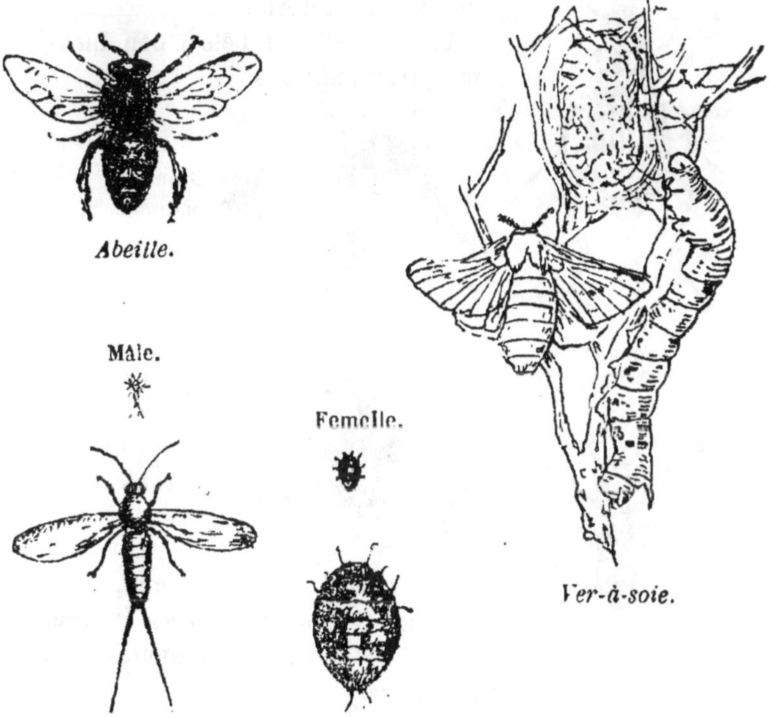

Abeille.

Ver-à-soie.

Cochenilles (grossies).

Le *cynips de la galle*, produit par sa piqûre sur le chêne une excroissance (*noix de galle*) employée en teinture et pour faire de l'encre.

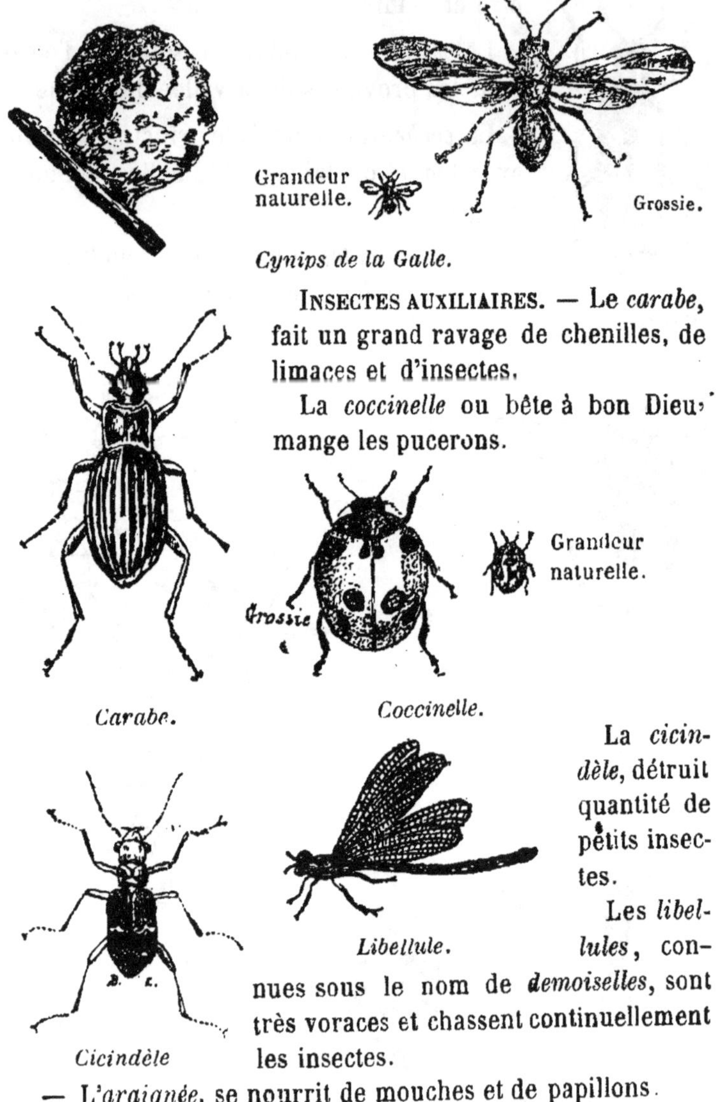

Cynips de la Galle.

Insectes auxiliaires. — Le *carabe*, fait un grand ravage de chenilles, de limaces et d'insectes.

La *coccinelle* ou bête à bon Dieu, mange les pucerons.

Carabe. *Coccinelle.*

La *cicindèle*, détruit quantité de petits insectes.

Les *libellules*, connues sous le nom de *demoiselles*, sont très voraces et chassent continuellement les insectes.

Libellule. *Cicindèle*

— L'*araignée*, se nourrit de mouches et de papillons.

Insectes nuisibles. — Le *hanneton*, dont la larve cause de grands dégâts.

Le *charançon* ou calandre des blés, vit dans les tas de blé où il dépose chacun de ses œufs dans un grain de blé différent. La larve qui naît dévore le grain.

Le *bombyx processionnaire*, dont la chenille dévore les feuilles de nos arbres.

Les *sauterelles*, ravagent les moissons.

Le *taupin* a sa larve qui cause des dégâts en rongeant les racines des plantes.

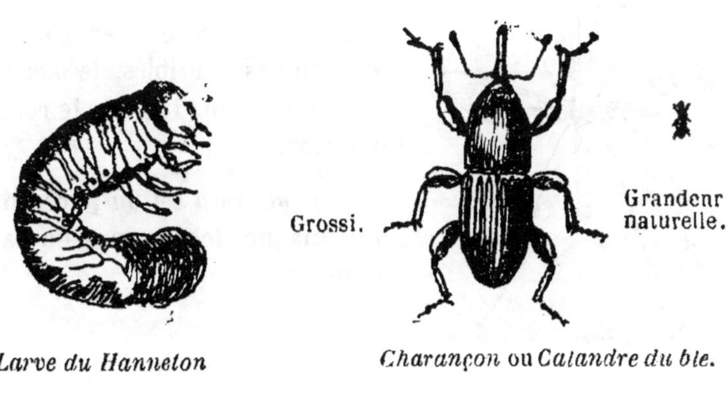

Larve du Hanneton — *Charançon* ou *Calandre du blé.*

Bombyx processionnaire.

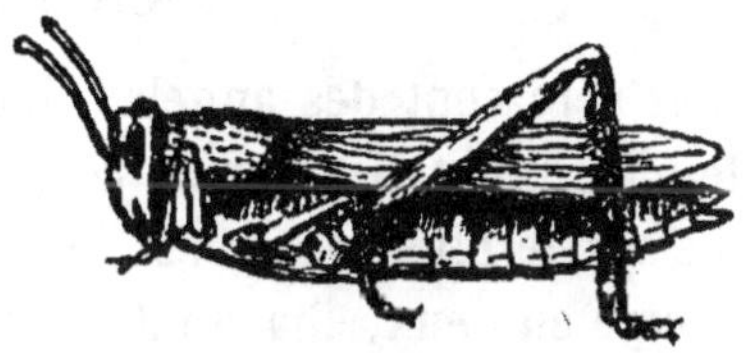

Sauterelle.

Taupe-grillon.

La *taupe-grillon* creuse des galeries et mange les racines qu'elle rencontre.

Le *papillon blanc* ou *papillon du chou* dont la chenille mange les choux.

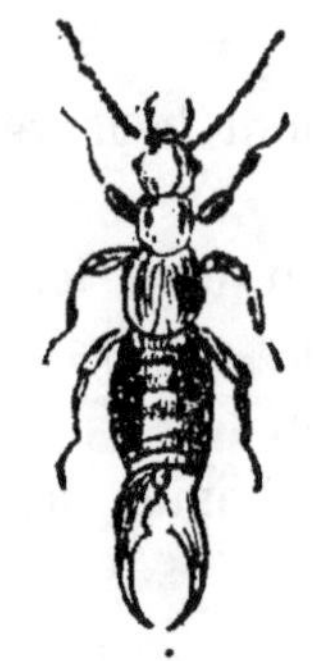

Forficule.

La *guêpe* s'attaque aux fruits ainsi que la *fourmi*.

La *forficule* ou *perce-oreilles* cause beaucoup de dégâts dans les jardins en s'attaquant aux fleurs.

La *blatte* ou *cafard* attaque la nuit toutes nos provisions dans nos habitations.

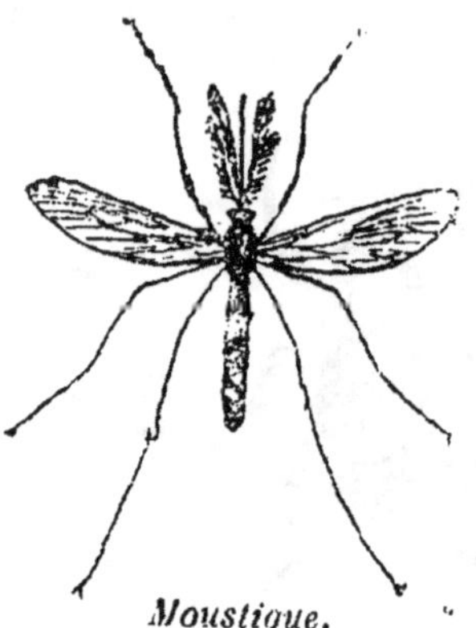

Moustique.

On peut encore citer parmi les insectes nuisibles, le *moustique* ou *cousin*, la *puce*, le *pou*, la *punaise*.

Le *phylloxera* est un puceron qui attaque les racines de la vigne.

Les vers.

Les vers sont des annelés dépourvus de membres. Leur tête n'est point distincte du corps.

Le ver le plus connu est le *lombric* ou *ver de terre*. Si on le coupe en deux, chacun des tronçons se complète et redevient un ver.

On peut encore citer les *sangsues*, employées en médecine, et les *vers intestinaux*, parmi lesquels on remarque le *ver solitaire* ou *tænia*.

La *trichine* est un petit ver qu'on a découvert dans la chair du porc. Il peut se multiplier dans notre corps ; aussi il faut avoir soin de s'abstenir de la chair de porc simplement fumée et ne la manger que bien cuite.

Mollusques.

Poulpe.

Les principaux mollusques sont : le *poulpe* qui n'a pas de coquille et qui est reconnaissable aux deux gros yeux de sa tête et aux nombreux bras ou *tentacules* qui entourent son corps.

La *limace*, commune dans nos jardins.

Le *colimaçon*, pourvu d'une coquille d'une seule pièce dans laquelle il peut rentrer entièrement.

L'*huître* qui vit dans la mer attachée à des roches et qui est recherchée comme aliment.

La *moule*, qui sert aussi dans l'alimentation.

Zoophytes.

Les zoophytes habitent la mer presque tous.

On trouve sur nos côtes les *étoiles de mer* et les *oursins*.

Les *anémones de mer*, fixées aux roches, ont l'apparence d'une fleur.

Etoile de mer.

Oursin.

Anémone de mer.

Branche de Corail (Polypier)

Les *polypiers* sont formés par de petits êtres qui se réunissent et qui donnent naissance à une masse pierreuse.

Le *corail* est un polypier.

Les *éponges* forment le dernier degré de la vie animale. Ce sont des agglomérations d'êtres fixées aux roches.

RÉVISION DU TRIMESTRE.

Devoirs à faire :

N° 1. — Principaux insectes utiles.
N° 2. — Principaux insectes nuisibles.
N° 3. — Les vers.
N° 4. — Mollusques, zoophytes. — Caractères et principaux exemples.

Tableau de la division du règne animal

réduit à ce qui a été étudié dans le cours.

	EMBRANCHEMENTS	CLASSES	ORDRES
RÈGNE ANIMAL.	VERTÉBRÉS.	*Mammifères.*	13 *ordres* : Bimanes, quadrumanes, carnivores, amphibiens, chauves-souris, insectivores, rongeurs, édentés, pachydermes, ruminants, cétacés, marsupiaux, monotrèmes.
		Oiseaux.	6 *ordres* : Rapaces, passereaux, grimpeurs, gallinacés, échassiers, palmipèdes.
		Reptiles.	3 *ordres* : Tortues, lézards, serpents.
		Batraciens.	2 *ordres.*
		Poissons.	9 *ordres.*
	ANNELÉS.		
	MOLLUSQUES.		
	ZOOPHYTES.		

MOIS D'AVRIL.

PROGRAMME. — *Botanique et agriculture* [1]. — Différentes espèces de sols. — Engrais et travaux, instruments usuels de culture (bèche, charrue, herse, etc.)

Physiologie végétale. — Durée de la vie des plantes.

DIFFÉRENTES ESPÈCES DE SOLS. — Le *sol* ou *terre arable* est la partie superficielle de la terre, celle qu'on cultive. La partie qui se trouve immédiatement au-dessous du sol se nomme *sous-sol.* La nature du sous-sol exerce une grande influence sur les qualités du sol lui-même.

La *terre arable* n'a pas partout la même composition. Cependant, il y a trois substances qu'on retrouve dans presque toutes les terres, ce sont : l'*argile*, le *calcaire* et le *sable.* Selon qu'une de ces trois substances domine dans une terre, celle-ci est dite *argileuse*, *calcaire* ou *sablonneuse.*

Les *terres argileuses* se prennent en une masse compacte après une pluie et se fendillent par la sécheresse Elles se collent aux outils et sont difficiles à travailler. On les désigne aussi sous le nom de *terres fortes.*

---

(1) « Dans les villes et les villages industriels, l'enseignement agricole sera remplacé par l'étude des industries de la localité. »

Les *terres sablonneuses* présentent des caractères tout différents. Elles sont dites *terres légères*.

Les terres qui participent à la fois des terres fortes et des terres légères sont les meilleures et les plus faciles à cultiver.

AMENDEMENTS. — On donne le nom d'amendements à toutes les substances qu'on ajoute à un sol pour en modifier la composition.

Les principaux amendements sont : les *cendres*, la *chaux* et la *marne*.

HUMUS. — Pour qu'une terre soit productive, il faut qu'elle renferme, outre les trois substances désignées, une certaine quantité d'*humus*. On appelle humus le produit de la décomposition des débris végétaux et animaux.

ENGRAIS. — Les engrais sont des substances que l'on met dans la terre pour fertiliser le sol et pour servir de nourriture aux plantes.

Il y a des *engrais animaux*, des *engrais végétaux* et des *engrais mixtes*.

Les *engrais animaux* sont principalement les *matières fécales* et l'*urine* ; le *guano* et la *colombine*.

Les *engrais végétaux* sont les *récoltes enfouies en vert* ; les *résidus des brasseries*, *les fanes*.

Les *engrais mixtes* sont composés à la fois de matières animales et de matières végétales. Le plus employé de ces engrais est le fumier d'étable.

Il y a aussi des engrais connus sous le nom d'*engrais chimiques* dont la valeur dépend de la quantité d'azote et de phosphate qu'ils renferment ; c'est pourquoi il est bon de les faire analyser avant de les acheter.

Travaux. — A chaque saison correspondent des travaux de culture différents.

Les travaux à exécuter sont, par ordre : la *préparation de la terre*, les *semailles* ou la *plantation*, les *soins de culture*, la *récolte* et la *préparation des produits*.

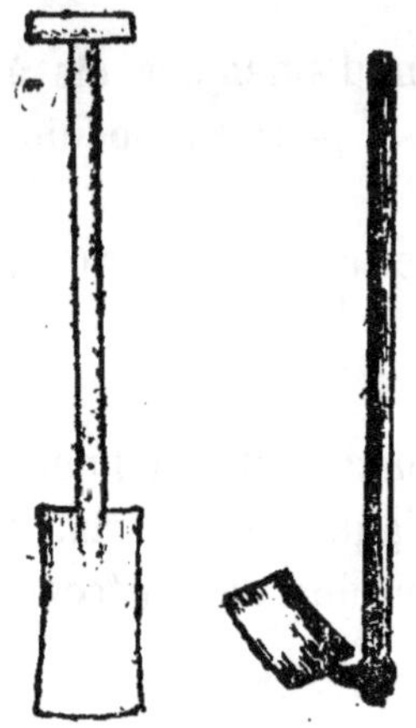

Bêche. *Houe.*

En automne et en hiver, on pratique les *labours*.

Les labours ont pour but d'émietter la terre, d'enfouir les engrais et de détruire les mauvaises herbes. Ils sont faits à la main ou avec des instruments traînés par des bêtes de somme. Ils se pratiquent plus ou moins profondément.

Les outils à la main employés pour labourer sont la *bêche* et la *houe*. On ne s'en sert guère que dans les jardins. Dans les champs, on fait usage de la *charrue*.

Charrue simple.

Après avoir labouré, on émiette les grosses mottes de terre à l'aide de la *herse* et du *rouleau*.

Herse triangulaire.

Rouleau

Divers autres instruments sont employés dans la culture :

Le *buttoir* dont le *soc* a la forme d'un fer de lance. Il est pourvu de deux *versoirs* et sert à *butter* certaines plantes, c'est-à-dire à accumuler au pied de ces plantes une certaine quantité de terre meuble.

L'*extirpateur*, qui sert à remuer la partie supérieure du sol. On s'en sert aussitôt après la moisson.

En automne on sème les graines qui doivent lever avant l'hiver. Les *semailles* se font à la main ou avec des instruments spéciaux appelés *semoirs*.

Au printemps on achève les labours et les semis et on donne les soins de culture qui ont pour objet d'*ameublir la surface du sol* et de *débarrasser les plantes des mauvaises herbes* (*binage, sarclage*).

La *récolte* se fait pendant l'été. On commence par faucher l'herbe des prairies pour en faire du foin, puis on récolte les céréales.

Les outils qui servent à faire la moisson sont : la *faucille*, la *faux* et la *sape*. On se sert aussi de *moissonneuses mécaniques*.

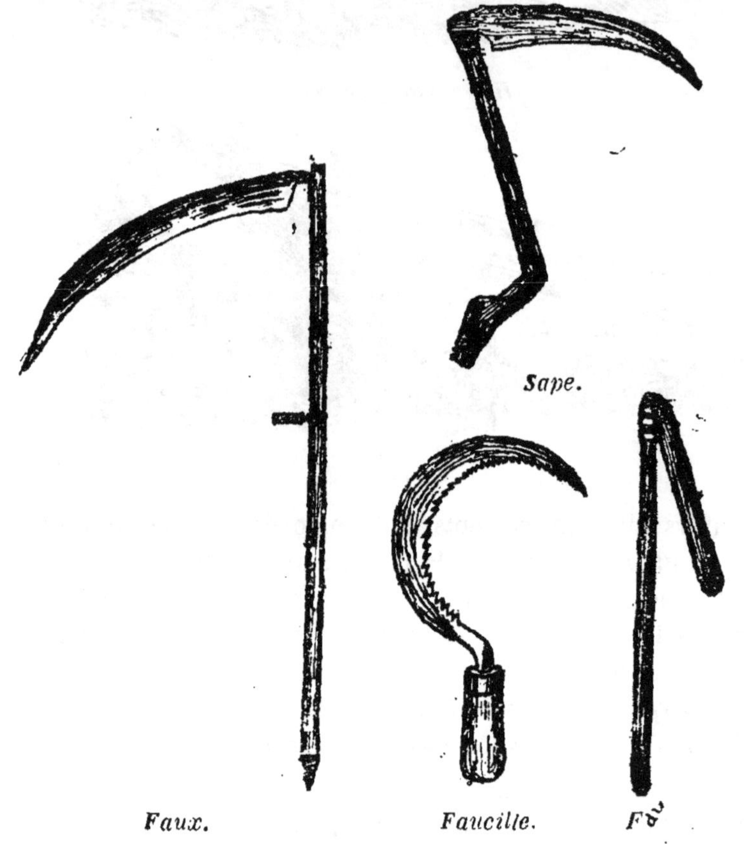

Sape.

Faux. *Faucille.* *F*

Après la récolte des céréales a lieu le battage. Pour cette opération on emploie le *fléau*, ou mieux, des machines.

Lorsque la moisson est terminée, on fait la cueillette des fruits.

Pendant l'automne on arrache les pommes de terre, les betteraves, et toutes les plantes cultivées pour leurs racines.

Physiologie végétale.

Les plantes vivent; elles se nourrissent, grandissent, se multiplient et meurent, mais elles sont privées de sensibilité et de mouvements volontaires.

DIFFÉRENTES PARTIES DE LA PLANTE. — La partie des plantes qui s'enfonce dans le sol s'appelle *racine.*

La racine sert à soutenir le végétal et à sucer, dans le sol, l'eau qui renferme en dissolution toutes sortes de matières destinées à le nourrir (*sève*). — *Nécessité d'arroser les plantes.*

La TIGE est la partie d'un végétal qui s'élève dans l'air et qui porte des *rameaux* couverts de *feuilles* et de *bourgeons.*

Suivant sa consistance, la tige est dite *herbacée* ou *ligneuse.*

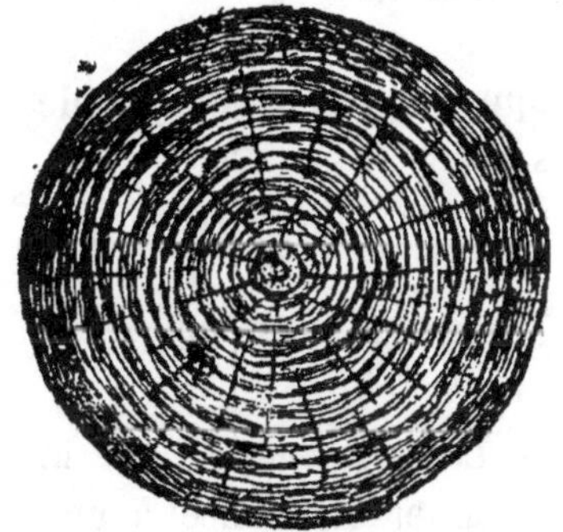

Coupe transversale d'un tronc d'arbre.
1 Ecorce, 2. Bois, 3. Moëlle.

La *tige ligneuse* a la consistance du bois. Elle est composée de plusieurs parties : la *moelle*, le *ligneux* ou bois, et l'*écorce.*

Le long des rameaux on remarque des BOURGEONS qui, au printemps, donneront naissance à des fleurs ou à des feuilles.

Les FEUILLES affectent les formes les plus diverses. Elles ont une fonction particulière : dans le jour, elles absorbent le *gaz carbonique* contenu dans l'air, gardent le *carbone* (charbon pur) et laissent dégager l'*oxygène.* Elles purifient donc l'air. Mais dans l'obscurité, c'est le contraire qui aurait lieu ; c'est pourquoi il ne faut point placer de plantes ni de fleurs dans les chambres à coucher.

La FLEUR est la partie de la plante qui contient les organes destinés à produire des *fruits* ou des *graines*.

Les éléments d'une fleur complète sont : le *calice*, la *corolle*, les *étamines* et le *pistil*.

A, B, C, D, E. Pétales, dont l'ensemble forme la corolle.

F, G, H, I, J. Sépales, dont l'ensemble forme le calice.

A, Etamines.

Le *calice* est la première enveloppe ; il est formé par de petites feuilles généralement vertes.

La *corolle* forme l'enveloppe colorée ; elle n'existe pas toujours.

Les *étamines* et le *pistil* sont les organes reproducteurs.

REPRODUCTION DES PLANTES. — La *germination* est le développement d'une graine pour donner naissance à une nouvelle plante.

L'humidité, la chaleur et l'air sont indispensables à la germination.

La reproduction des plantes ne se fait pas seulement par les graines, elle a encore lieu par les *boutures*, les *marcottes*, la *greffe*, etc.

Durée de la vie des Plantes. — Il y a des plantes qui ne vivent qu'une année, comme les *céréales* ; on les appelle *plantes annuelles*. Celles qui fleurissent, fructifient et meurent au bout de deux ans, comme la *carotte*, la *betterave*, etc., sont dites *bisannuelles*. Les plantes qui durcissent sont dites *vivaces*.

Devoirs à remplir :

N° 1. — Différentes espèces du sol. — Caractères.

N° 2. — Travaux de culture correspondant à chaque saison.

N° 3. — Différentes parties d'un végétal. — Leur rôle.

N° 4. — Reproduction des plantes : graines (germination), boutures, marcottes, greffes.

MOIS DE MAI

PROGRAMME. — *Principales espèces de plantes.* — *Graminées* (céréales), *Légumineuses* (haricots, pois, etc.), *Solanées* pomme de terre, tabac), *Rosacées* (arbres fruitiers), *Ombellifères* (carotte, cerfeuil), *Crucifères* (colza), *Champignons.* — *Propriétés et usages.*

GRAMINÉES. — Les graminées sont des plantes herbacées, à tige creuse (*chaume*) et portant un *épi.*

Les plantes de cette famille sont nombreuses ; beaucoup sont très utiles. Il y a d'abord les *céréales,* dont les grains servent à l'alimentation de l'homme et des animaux domestiques.

Les principales céréales que l'on cultive en France sont : le *froment,* le *seigle,* l'*orge,* l'*avoine,* le *maïs,* le *sarrasin.*

Epi de Blé.

Epi de Seigle.

Epi d'Orge.

Epi d'Avoine. *Epi de Maïs.*

Le *froment,* désigné souvent sous le nom de blé est l'objet d'une culture très importante.

Il en existe plusieurs variétés connues sous le nom de *blé tendre sans barbe, blé dur, blé tendre barbu,* etc.

Le *seigle* a un grain mince et un épi grêle. Il mûrit plus vite que le blé. On fait avec la farine de seigle un pain lourd, mais qui se conserve longtemps frais. On s'en sert aussi dans la fabrication du pain d'épice.

L'*orge* est employée pour faire de la bière et se donne aux bestiaux et à la volaille.

L'*avoine* se reconnaît facilement à son épi. On en donne le grain aux chevaux.

Le *maïs* est cultivé dans l'est et le midi de la France. Son grain ne mûrit pas dans le nord.

Le *sarrasin* est cultivé dans l'ouest et dans le centre de la France où il entre pour une large part dans la nourriture des habitants.

Légumineuses. — Les légumineuses comprennent les plantes dont la fleur ressemble à celle du *pois*.

Leur nom leur vient de ce que la plupart fournissent des graines alimentaires. Les principales sont; les *haricots*, les *pois*, les *fèves*, les *féverolles* et les *lentilles*.

Parmi les légumineuses on trouve aussi des arbrisseaux et même des arbres, l'*acacia*, par exemple.

Cette grande différence que présentent entre elles les plantes d'une même famille s'explique quand on sait qu'on a simplement réuni sous le même nom les plantes dont les fleurs se ressemblent beaucoup.

Solanées. — La principale plante de cette famille est la *pomme de terre*, cultivée pour ses tubercules qui ont une grande importance dans l'alimentation.

On reproduit principalement la pomme de terre par la plantation de tubercules. On peut la cultiver partout où l'on cultive les céréales.

On en retire la *fécule*.

Le *tabac* appartient à la même famille. Il se cultive pour ses feuilles qu'on fume ou qu'on prise après les avoir réduites en poudre.

La *culture du tabac* n'est pas libre en France; vingt départements sont autorisés à s'y livrer.

L'*habitude de fumer* est coûteuse et nuit à la santé, car le tabac renferme un *poison*.

Rosacées. — Les rosacées comprennent les plantes dont la fleur ressemble à la rose simple. C'est une des familles les plus nombreuses. Elle comprend beaucoup de nos arbres fruitiers : le *poirier*, le *cognassier*, le *pommier*, le *pêcher*, le *cerisier*, le *prunier*, l'*abricotier*, puis les *rosiers*, l'*églantier* ou rosier sauvage; les *ronces*, le *framboisier*, le *fraisier*, etc.

Ombellifères (du latin *umbella*, *ombelle*, *parasol*). Les plantes de cette famille ont leurs fleurs disposées en *parasol*. Les principales sont : la *carotte*, le *céleri*, le *persil*, le *cerfeuil*, l'*angélique*.

Un certain nombre d'ombellifères sont vénéneuses ; la *petite cigüe* est de ce nombre. Elle ressemble au persil dont on peut la distinguer par son odeur nauséabonde et par ses fleurs qui sont blanches, tandis que celles du persil sont jaunâtres.

Crucifères (*crux*, croix). — Les crucifères ont leurs fleurs disposées en croix.

On trouve dans cette famille les *choux*, le *navet*, le *cresson*, le *radis* ; puis le *colza* et la *navette*, dont les graines nous fournissent une huile pour l'éclairage ; enfin des fleurs comme la *giroflée*.

NOTES COMPLÉMENTAIRES. — « La *ronce* fournit des fruits avec lesquels on fait un sirop rafraîchissant. Les feuilles et les tiges, en décoction concentrée, et miellée, donnent un bon gargarisme pour les maux de gorge (15 gr. feuilles en décoction, 125 gr. d'eau, 125 gr. de miel). »

Cognassier. — « Son fruit, le coing, sert à faire un sirop très employé contre la diarrhée des petits enfants. On râpe les coings, on en exprime le jus qu'on met chauffer jusqu'à l'ébullition avec 1 k.900 de sucre par kilog. de jus, puis on passe le tout sur une étoffe de laine. »

Angélique. — Sert à faire une liqueur stomachique.

Carotte. — « La pulpe râpée est un remède populaire dans les brûlures. La racine est employée avec succès dans l'aphonie (perte de la voix), la toux opiniâtre, le rhume et l'asthme. Pour cela, on fait cuire deux ou trois carottes pendant un quart d'heure, on les râpe, on en tord la pulpe, on ajoute deux verres d'eau par verre de suc extrait. Cette dose se prend tiède dans la journée. »

Champignons. — Il y a des *champignons* alimentaires et des *champignons vénéneux*.

Le *champignon rose* des prairies, et le *champignon de couche* sont comestibles. Il faut se défier de ceux qu'on ne connaît pas bien, car diverses espèces vénéneuses ressemblent beaucoup aux champignons comestibles.

On a remarqué que le vinaigre dissout le principe vénéneux de certaines espèces ; il est donc prudent de faire macérer, pendant quelque temps, dans du vinaigre étendu d'eau tout champignon suspect.

Devoirs à faire :

N° 1. — Principales céréales. — Leur utilité.

N° 2. — Légumineuses ; principales plantes de cette famille. — Leur utilité.

N° 3. — Rosacées ; principales plantes de cette famille (arbres fruitiers).

N° 4. — Les principales plantes vénéneuses. — Caractères. — Champignons (les comestibles et les vénéneux).

MOIS DE JUIN

Programme. — Les trois états des corps. Notions sur l'air. Sa composition. Propriétés de l'oxygène, de l'azote et de l'acide carbonique.

(Autant que possible, montrer ces propriétés par des exemples).

Pression atmosphérique. — Baromètre.

Eau potable et non potable.

Les trois états des corps.

Les corps se présentent à nous sous trois états : ils sont *solides*, *liquides* ou *gazeux*.

Un *corps solide* est celui qui est plus ou moins dur et qui a une forme déterminée qu'il conserve. Ex. : le bois, la pierre, la cire.

Les *corps liquides* coulent ; ils prennent la forme des vases qui les contiennent. Ex. : l'eau, l'huile.

Les *gaz* sont des corps insaisissables, presque tous incolores. Ils tendent à occuper une place de plus en plus grande. L'air est un corps gazeux.

Un grand nombre de corps peuvent prendre successivement les trois états. L'eau chauffée se transforme en vapeur ; refroidie, elle se solidifie et devient de la glace.

L'air.

La terre est entourée d'une atmosphère gazeuse qu'on appelle l'*air*.

L'air est incolore et inodore; vu sous une grande épaisseur, il paraît bleu (*azur du ciel*).

Il est facile de constater la présence de l'air ; il suffit pour cela de prendre un verre, de le renverser, et de le plonger dans l'eau ; l'eau ne monte pas dans le verre ; si on l'incline, l'air s'échappe en bulles.

L'air est composé de deux gaz : l'un s'appelle *oxygène* et l'autre *azote*.

L'*oxygène* se reconnaît à ce qu'il rallume une allumette presque éteinte. C'est lui qui fait brûler les corps ; c'est lui aussi qui nous fait vivre.

Préparation de l'oxygène.

PRÉPARATION DE L'OXYGÈNE. — L'oxygène peut être retiré de certains corps qui en renferment. Ainsi en chauffant un mélange fait en parties égales d'une substance blanche, cristallisée, appelée *chlorate de potasse* et d'une autre substance noire pulvérisée, appelée *bioxyde de manganèse*, le gaz oxygène ne tarde pas à se dégager.

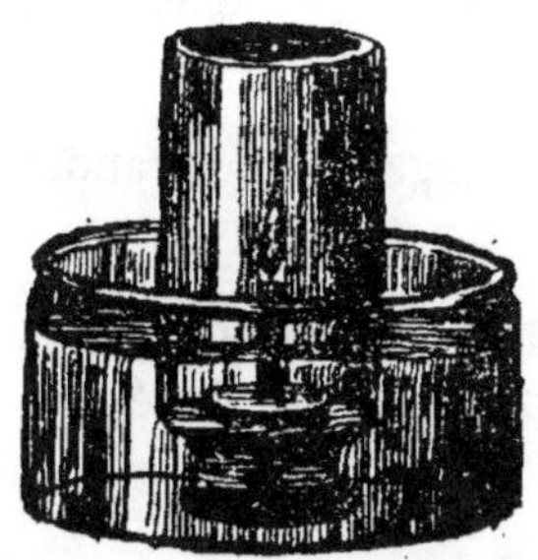
Analyse de l'air.

Analyse de l'air. — L'analyse de l'air est facile à réaliser. Voici comment : on allume une bougie qu'on fixe sur un morceau de liège flottant dans une cuvette remplie d'eau, puis on recouvre la bougie d'une cloche ou d'un bocal dont les bords plongent dans l'eau.

En brûlant, la bougie fait disparaître l'oxygène et donne naissance à des gaz qui se dissolvent dans l'eau. Elle ne continue plus longtemps à brûler ; elle s'éteint lorsque tout l'oxygène de l'air a disparu. A ce moment, l'eau monte dans le bocal pour tenir la place de l'oxygène. On constate alors que ce gaz entre pour *un cinquième* environ dans la composition de l'air.

Ce qui reste après l'expérience est un gaz qui ne brûle pas et qui éteint une bougie allumée.

Ce gaz s'appelle *azote*, mot qui signifie n'entretenant pas la vie.

Outre l'azote et l'oxygène, l'air renferme de la *vapeur d'eau*, et une petite quantité de *gaz charbonneux* ou *acide carbonique*.

Pour constater la présence de la vapeur d'eau, il suffit d'apporter une bouteille froide de la cave dans une pièce chaude, on la voit se couvrir de fines gouttelettes d'eau.

Acide carbonique.

L'*acide carbonique* est un gaz qui est produit par la combustion du charbon. Il entre dans la composition de beaucoup de corps (*carbonates*). La craie et le marbre en renferment. On le prépare simplement en introduisant un morceau de charbon allumé dans un flacon, ou encore en versant du vinaigre sur de la craie.

Les boissons qui fermentent en dégagent de grandes quantités.

L'acide carbonique est un gaz incolore plus lourd que l'air; il éteint les corps enflammés et ne peut être respiré. Les *eaux gazeuses* en renferment en dissolution.

Pression atmosphérique.

Un litre d'air pèse 1 gr. 3. On s'en est assuré en pesant un ballon plein d'air, puis vide.

C'est parce que l'*air est pesant* qu'il *exerce une pression* sur les corps. Cette pression s'appelle la *pression atmosphérique.*

EXPÉRIENCES DIVERSES QUI METTENT EN ÉVIDENCE LA PRESSION ATMOSPHÉRIQUE. — Ascension de l'eau dans un tube dont on aspire l'air. — Expérience du tire-pavé. — Pièce de monnaie qu'on applique sur un mur uni — On prend un verre qu'on remplit d'eau et qu'on recouvre d'une feuille de papier; on renverse le verre, l'eau ne s'écoule pas. — On brûle du papier dans un verre, on applique la main dessus, on peut ensuite soulever le verre.

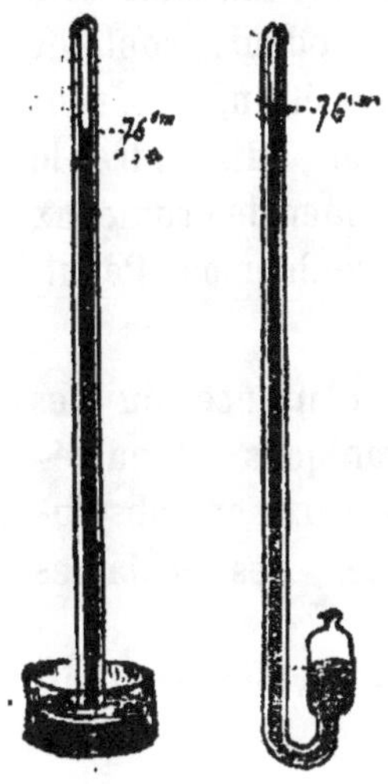

Baromètres.

Baromètre. — Expérience : On remplit complètement un tube de verre, de 90 centimètres environ, fermé à un bout, puis on bouche l'extrémité ouverte avec le doigt et on renverse le tube dans une petite cuvette renfermant du mercure (*vif-argent*). On retire le doigt et on voit le mercure du tube descendre et s'arrêter à une hauteur de 76 centimètres. C'est la pression atmosphérique qui maintient le mercure dans le tube et elle est égale au poids de la colonne de mercure. L'instrument ainsi construit mesure donc la pression de l'air, c'est un *baromètre*.

La pression atmosphérique varie suivant les localités ; elle n'est même pas toujours la même pour une même localité. Si elle augmente, le mercure monte dans le tube barométrique ; si elle diminue, le mercure baisse ; de là les expressions le baromètre monte, le baromètre baisse.

Le baromètre affecte diverses formes. On s'en sert pour mesurer la hauteur des montagnes et dans les ascensions. On a remarqué que le baromètre monte par un beau temps et qu'il baisse par un temps de pluie ou par une tempête, de là son emploi pour la prévision du temps. Ces indications n'ont rien de certain.

Eau potable ou non potable ; — eau de mer.

On entend par *eau potable*, une eau qui est bonne à boire et qui peut servir à tous les usages domestiques.

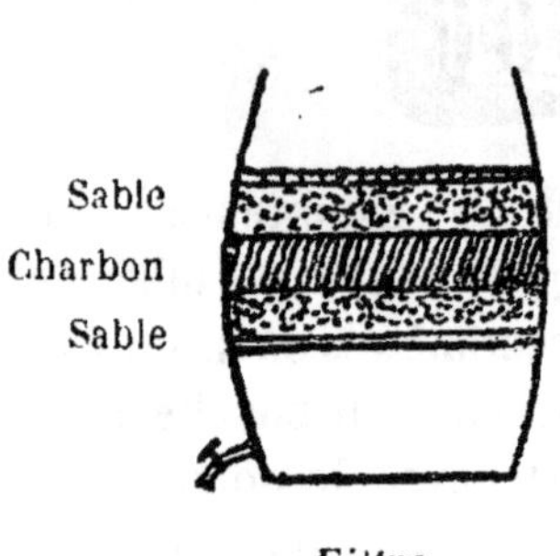

Filtre.

Pour qu'une eau soit potable, il faut d'abord qu'elle soit *propre et limpide* ; si elle ne l'est pas, il faut la *filtrer*. Elle doit être en outre sans odeur, contenir peu de matières étrangères, renfermer de l'air, dissoudre le savon sans former de grumeaux et ne pas se troubler par l'ébullition.

Les eaux de puits voisins des fosses d'aisance ou des fumiers peuvent contenir des matières organiques en putréfaction qui y arrivent par infiltration, ces eaux sont absolument mauvaises et peuvent occasionner des maladies mortelles.

Les eaux des sources, des fleuves, des rivières sont en général, les meilleures de toutes.

Les eaux de la mer ont une saveur amère et très salée ; elles ne sont pas potables.

Hygiène. — En été, il ne faut pas boire de l'eau fraîche, surtout quand on est en sueur.

Devoirs à faire :

N° 1. — L'air. — Sa composition. — Principales propriétés des gaz qui le composent.

N° 2. — Rôle de l'air. — Respiration. — Combustion. — Le vent. — Force motrice, etc.

N° 3. — Le baromètre. — Ses usages.

N° 4. — Eau potable et non potable. — Filtre.

MOIS DE JUILLET

Programme. — La combustion. — Chaleur, effet de la chaleur sur les corps. Thermomètre, sa construction et son usage.

Evaporation de l'eau. L'eau sous trois états.

Pluie, rosée, neige, vent, glace. Force expansive de l'eau à l'état de vapeur ou de glace produite en vase hermétiquement fermé. Machine à vapeur.

La combustion. — La combustion est l'état d'un corps qui brûle.

Les substances qui peuvent brûler sont dites *combustibles* ; les plus connues sont le bois et le charbon, qui sont employés pour le chauffage. Bien d'autres corps peuvent brûler, comme le soufre, le phosphore, le gaz d'éclairage, etc.

L'air est indispensable à toute combustion; pas d'air, pas de feu. De là l'usage des *machines soufflantes* et la nécessité des *cheminées*.

LA CHALEUR, EFFET DE LA CHALEUR SUR LES CORPS. — On ne connaît pas la nature de la chaleur ; on sait que c'est le principal agent qui fait changer l'état des corps.

La *combustion* est la *principale source de chaleur*. Le *frottement*, le *choc*, la *torsion*, en développent également. Le *soleil* est une très grande source de chaleur naturelle.

DILATATION. — Quand on chauffe un corps, il se *dilate*, c'est-à-dire qu'il occupe une plus grande place ; inversement, quand on le refroidit, il se *contracte*, c'est-à-dire qu'il se resserre.

EXPÉRIENCE. — On prend une pièce de monnaie qu'on entoure d'un fil de fer, dans le sens du diamètre, de manière qu'elle puisse simplement passer. On chauffe la pièce de monnaie, elle ne peut plus passer tant qu'elle est chaude ; lorsqu'elle est refroidie, elle passe encore.

La *dilatation des liquides* se constate facilement au moyen du *thermomètre*.

Les *gaz* se dilatent encore plus que les liquides. Si on prend une *vessie* contenant un peu d'air et qu'on la chauffe, on la voit se gonfler.

THERMOMÈTRE. — Le thermomètre est un instrument qui sert à mesurer la chaleur.

La construction du thermomètre est basée sur la dilatation des corps.

Cet instrument consiste en un tube fermé à sa partie supérieure et portant à sa partie inférieure un petit réservoir rempli d'alcool coloré en rouge ou de mercure.

Pour construire un thermomètre à mercure, on remplit le réservoir et une partie du tube de mercure, puis on ferme l'extrémité ouverte. On plonge alors le réservoir dans un vase rempli de neige ou de glace pilée. A l'endroit où le mercure s'arrête on marque 0. L'instrument est ensuite plongé dans la vapeur d'eau bouillante. Au point où le mercure s'arrête de nouveau, on marque 100. L'espace compris entre 0 et 100 est divisé en cent parties qu'on appelle des *degrés*.

Suivant que le mercure s'arrête aux nombres 10, 16, 20, etc., marqués sur une petite planchette, on dit que la température est de 10, 16, 20 degrés.

La température des appartements ne doit pas dépasser 15 à 18 degrés.

L'eau sous ses trois états. — Evaporation.

La Glace. — En hiver, lorsque la température descend au-dessous de zéro, l'eau se solidifie et devient de la glace. L'eau qui se congèle, augmente de volume. Elle acquiert alors une force d'expansion à laquelle rien ne saurait résister ; aussi voit-on souvent les vases qui renferment de l'eau se briser quand celle-ci vient à se solidifier.

La *force expansive de la glace* explique les effets de la gelée sur les pierres poreuses et sur les plantes. C'est donc à tort qu'on accuse la *lune rousse* d'occasionner des dégâts qui ne sont dus qu'à la gelée.

Evaporation. — A l'état ordinaire, l'eau est liquide. Elle peut être transformée en gaz de deux manières.

Lorsqu'on met du linge mouillé sur une corde, l'eau *s'évapore* et le linge sèche ; après une pluie, les pavés sèchent vite, surtout s'il fait du grand vent, dans ce cas encore, l'eau disparaît par *évaporation*.

De l'eau qui bout se transforme aussi en vapeur ; elle disparaît par l'ébullition (*vaporisation*).

Pluie, Neige, Rosée. — L'air atmosphérique contient toujours de la vapeur d'eau provenant de l'évaporation continuelle qui a lieu à la surface des terres et des mers. Lorsque cette vapeur se refroidit, elle devient visible et produit les *nuages*.

On donne le nom de *brouillard* à un nuage qui touche le sol.

Les gros nuages forment souvent des gouttelettes qui tombent, c'est la *pluie*. S'il fait très froid, l'eau tombe sous forme de *neige*.

La nuit, la terre se refroidit et refroidit aussi la couche d'air qui l'environne ; la vapeur d'eau qui y est contenue se dépose : c'est la *rosée*. C'est surtout par un temps clair que la rosée est abondante.

Vent. — L'air chaud s'élève parce qu'il est plus léger que l'air froid. Les couches d'air atmosphérique étant inégalement échauffées se mettent en mouvement.

Le *vent* n'est autre chose que l'air en mouvement.

Les *vents* ont pour principale cause la chaleur solaire.

(Expérience de la flamme d'une bougie placée près d'une porte entr'ouverte séparant deux pièces inégalement chauffées.)

Machine à vapeur.

Expérience. — On met sur le feu un bidon en fer-blanc renfermant de l'eau ; le bouchon ne tarde pas à sauter.

L'eau qu'on fait bouillir dans un vase fermé donne naissance à une vapeur de grande force. C'est cette force qu'on a utilisée dans les machines à vapeur.

Une *machine à vapeur* se compose essentiellement d'une *chaudière* destinée à produire la vapeur, d'un *cylindre* dans lequel se meut un *piston*, et d'un *arbre de couche* portant une grande roue appelée *volant.*

La vapeur est distribuée tantôt au-dessus, tantôt au-dessous du piston et le force ainsi à exécuter un mouvement de va-et-vient. Ce mouvemement est transmis à l'arbre de couche qui lui-même met en mouvement le volant.

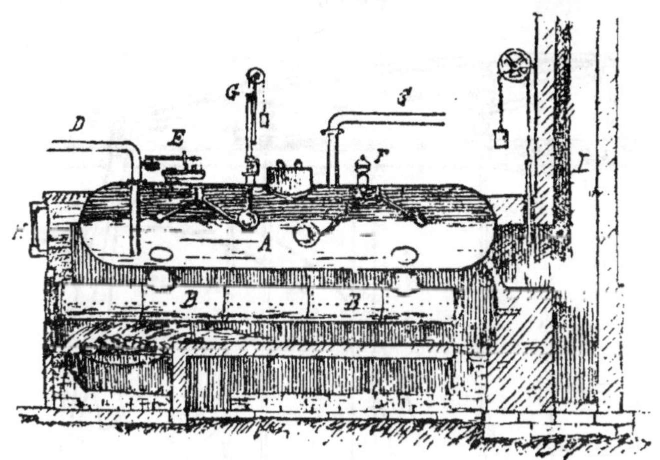

Chaudière à Bouilleurs.

A Corps de la chaudière. — *BB* Bouilleurs. — *C* Tuyau qui conduit la vapeur au mécanisme moteur. — *D* Tuyau qui amène l'eau dans la chaudière. — *E* Soupape de sûreté. — *F* Sifflet d'alarme. — *GH* Indicateurs du niveau de l'eau dans la chaudière. — *I* Cheminée.

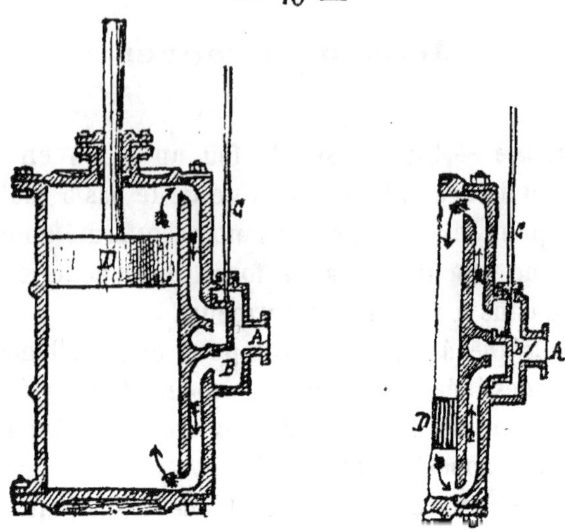

Mécanisme Moteur.

A Tuyau par où arrive la vapeur. — *B* Boîte à vapeur. — *I* Tiroir mis en mouvement par la tige *C* (fait passer la vapeur tantôt au-dessus tantôt au-dessous du piston *D*.)

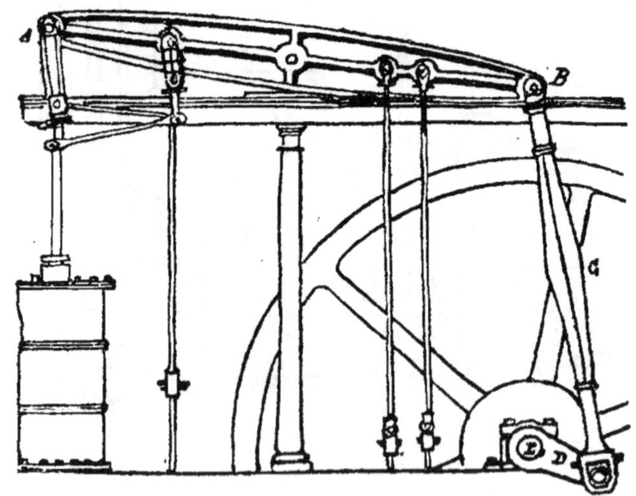

Mécanisme de transmission. AB. balancier, *C.* bielle, *D.* manivelle, *E.* arbre de couche, *F.* tige du piston.

Devoirs à faire :

N° 1. — Le thermomètre. — Construction et usage.

N° 2. — La glace. — Effets de la gelée.

N° 3. — Nuages, brouillards, pluie, neige, rosée.

N° 4. — Dessiner et décrire le mécanisme moteur d'une machine à vapeur.

N° 5. — Expliquer comment fonctionne le mécanisme moteur d'une machine à vapeur.

Lille, Typographie et Lithographie de LIÉGEOIS-SIX.

www.ingramcontent.com/pod-product-compliance
Lightning Source LLC
LaVergne TN
LVHW050428160826
845677LV00002BA/590
* 9 7 8 2 3 2 9 6 9 3 5 1 4 *

RECHERCHES

SUR

LA FAUNE MARINE

DES ILES ANGLO-NORMANDES

Par le Dr René KŒHLER

CHARGÉ D'UN COURS COMPLÉMENTAIRE D'HISTOLOGIE ET D'EMBRYOLOGIE
A LA FACULTÉ DES SCIENCES DE NANCY

Les îles Anglo-normandes (en anglais *Channel Islands* ou *Isles*, îles du Canal) sont situées à quelques lieues des côtes de France, à l'ouest de la presqu'île du Cotentin. Les plus importantes d'entre elles sont Jersey, Guernesey et Aurigny, auxquelles il convient d'ajouter trois îles plus petites, situées à peu de distance de Guernesey : Sark, Herm, et Jethou, puis une série de petits îlots groupés de préférence autour de Guernesey et qui sont inhabités.

L'île de Jersey, la plus étendue, comme aussi la mieux connue et la plus visitée par les touristes, n'est située qu'à 20 kilomètres de Portbail, mais les bateaux qui font la traversée partent, tous les jours alternativement pendant la belle saison, de Granville (45 kilomètres) et de Saint-Malo (54 kilomètres).

Les côtes qui regardent la France, c'est-à-dire les côtes méridionales et orientales, sont les plus riantes et les plus habitées. La capitale de l'île, Saint-Hélier, se trouve sur le milieu de la côte méridionale, à l'entrée de la magnifique baie de Saint-

Aubin, à l'autre extrémité de laquelle s'élève la petite ville du même nom, vis-à-vis Saint-Hélier. La côte orientale présente la petite ville de Gorey, près de laquelle s'élève la forteresse de Montorgueil, célèbre par les souvenirs historiques qu'elle rappelle. Les communications sont d'ailleurs facilitées par deux petits chemins de fer allant, l'un, de Saint-Hélier à la Moye au delà de Saint-Aubin, l'autre, de Saint-Hélier à Gorey.

L'île de Guernesey, située à une quarantaine de kilomètres des côtes de France, se trouve au N.-O. de Jersey, dont elle est séparée par une distance de 20 kilomètres. Elle est en communication avec Jersey par un double service quotidien de bateaux qui partent de Weymouth et de Southampton pour Jersey et font escale à Guernesey. Il n'y a pas de service direct entre la France et l'île de Guernesey qui est, d'ailleurs, peu fréquentée par les Français ; elle offre cependant aux touristes des paysages plus pittoresques et des points de vue beaucoup plus remarquables que Jersey. La capitale est Saint-Pierre, située sur la côte orientale.

La petite île de Sark, située à 11 kilomètres à l'ouest de Guernesey, est aussi en communication avec elle par des services presque quotidiens pendant la belle saison. Quoique fort petite (elle ne possède que 600 habitants), elle est très pittoresque et mérite d'être visitée en détail. Les îlots de Herm et de Jethou, qui se trouvent entre Guernesey et Sark, sont beaucoup moins importants et n'ont chacun que quelques habitants.

Quant à l'île d'Aurigny, située à 15 kilomètres N.-O. du cap de la Hague, elle n'offre qu'un médiocre intérêt.

La température dans les îles Anglo-normandes est très douce, la chaleur y est assez tempérée en été, et les hivers n'y sont pas rigoureux, mais pluvieux. L'influence du Gulf-stream s'y fait sentir, plus encore peut-être que sur les côtes de Bretagne. Aussi la végétation est-elle très riche et l'on peut cultiver à Jersey des plantes qu'ailleurs on ne peut conserver qu'en serre sous la même latitude, comme, par exemple, les *Araucaria,* qu'on rencontre dans tous les jardins. La douceur exceptionnelle de ce climat est très appréciée par les Anglais, et les malades vont souvent passer l'hiver à Jersey ou à Guernesey.

Bien qu'appartenant à l'Angleterre, les îles de la Manche sont une dépendance naturelle du territoire français, auquel elles se rattachent par leur situation géographique et par le langage, bien plus, certainement, que par les mœurs et les aspirations des habitants. Il est, en effet, intéressant de constater que si la langue anglaise est parlée par tous les Jersyais, l'ancien patois normand s'est maintenu depuis le xiie siècle et se parle encore par un grand nombre d'habitants nés dans le pays, surtout dans les campagnes. A Guernesey, cette ancienne langue se parle beaucoup moins et disparaîtra certainement plus tôt qu'à Jersey. A Sark, au contraire, et ceci est assez remarquable, les habitants parlent exclusivement le patois normand et quelques-uns même ne comprennent pas l'anglais, tandis que tous connaissent le français, ce qui n'arrive pas à Guernesey, où la plupart des gens ne savent que l'anglais. Ce fait est d'autant plus curieux que Sark se trouve à une heure, à peine, de Guernesey, et que les habitants ne sont guère en communication qu'avec ceux de cette dernière île; mais il s'explique facilement, si l'on songe que, depuis longtemps, les différentes générations qui se sont succédé à Sark y sont nées et que s'il y a eu quelques émigrations, il n'y a pas eu d'immigration. Aussi la langue s'y conserve-t-elle sans modifications et sans apport d'aucun élément étranger, et pourra-t-elle encore ressembler, pendant longtemps, à celle qu'on parlait en Normandie il y a six cents ans.

Les habitants autochtones des îles de la Manche sont donc des descendants des anciens Normands et, de fait, on sait positivement que ces îles sont d'une formation toute récente et que leur territoire était autrefois relié à la presqu'île du Cotentin. C'est à la suite d'affaissements, quelquefois lents, quelquefois assez brusques, que ces îles ont été détachées du continent et ont vu, à différentes reprises, leur territoire être de nouveau envahi par la mer.

Nous savons, en effet, qu'avant le vi[e] siècle tout l'espace aujourd'hui couvert par la mer dans la baie du mont Saint-Michel, entre le Cotentin et l'île de Jersey, était occupé par une forêt étendue, la forêt de Scissy. Le territoire de Jersey n'était séparé de celui de Coutances que par un petit ruisseau. On sait positivement qu'on pouvait aller à pied de Jersey à cette dernière ville ; la route partait de Gorey et l'on traversait, un peu avant d'arriver à Coutances, le ruisseau près du *rocher des Bœufs*. L'on possède encore à Jersey des anciens écrits dans lesquels les propriétaires riverains de ce ruisseau s'engagaient à fournir les matériaux destinés à la réparation du pont.

« Dès le VIe siècle, dit Lapparent [1], la forêt de Scissy n'avait plus qu'une demi-lieue de longueur du côté de la Normandie et autant du côté de la Bretagne. En 709, elle fut presque entièrement détruite avec la plupart des monastères qui s'y trouvaient ; cependant quelques-uns subsistaient encore en 817, autour de flaques d'eau ou mares. Mais, en 860, la mer inonda les marais du mont Saint-Michel et la catastrophe se reproduisit plus violente encore en 1224 ; les vagues marines pénétrèrent jusqu'à sept lieues de profondeur, faisant disparaître avec les campagnes environnantes, les deux voies romaines de Valognes à Rennes et de Rennes à Bayeux. Peu de temps auparavant, en 1203, le vaste marais qui séparait Jersey de la forêt de Scissy avait été également envahi par les eaux et le point culminant de ce marais, dit *les Écrehous*, s'étant trouvé isolé, fut doté d'un monastère et d'une église. Il ne reste plus aujourd'hui de cette île qu'un amas de rochers laissant voir à mer basse les ruines de la vieille chapelle. Une carte reproduite par M. Quenault et antérieure à 1406, attribue aux îles Chausey une étendue de 2 myriamètres. A la place des rochers des Minquiers, s'étendait une île de 23 kilomètres sur 8, dont la forme correspondait exactement à celle du plateau actuellement submergé dans ces parages. L'île d'Aurigny faisait alors partie du Contentin, ainsi qu'une bande de 10 kilomètres, entre Aurigny et Jersey. L'isthme reliant Jersey au continent aurait eu alors plus de 20 kilomètres [2]. »

Il est donc bien certain que l'île de Jersey est de formation

1. *Traité de géologie*, p. 519.

2. Voir, pour plus de renseignements, les ouvrages suivants : QUENAULT, *les Mouvements de la mer*. Coutances, 1869. — Elisée RECLUS, *la Terre*. — DESJARDINS, *Géographie de la Gaule romaine*. — GESSLIN DE BOURGOGNE, *Congrès scientifique de France*, session de Saint-Brieuc, 1878.

très récente et a pris naissance à la suite d'affaissements assez considérables qui, s'ils se reproduisaient encore avec la même intensité qu'autrefois, risqueraient fort de la faire disparaître complètement. Sur les cartes indiquant les profondeurs de la mer, on peut voir qu'entre Jersey et le Cotentin et le mont Saint-Michel, la profondeur ne dépasse pas 10 mètres ; qu'elle varie entre 10 et 20 mètres aux environs des côtes N. et S.-O. de Jersey et peut tomber à 50 mètres dans l'espace compris entre Jersey, Guernesey, Aurigny et la pointe de la Hague.

L'existence de la forêt de Scissy est attestée, non pas seulement par les chroniqueurs, mais aussi par les nombreux débris végétaux qu'on trouve dans certains points en assez grande abondance, lorsque l'on fouille les grèves lors des grandes marées (marais de Dôle, baie de Saint-Brieuc, embouchure de la Rance, côtes du Cotentin, îles Chausey et Jersey) ; sur les côtes du Cotentin, on en recueille surtout dans les endroits suivants : les Moutiers, Surtainville, Tourlaville, Bretteville. D'après M. Charil des Mazures, les bois que l'on trouve le plus communément, sont le chêne, le bouleau, le coudrier, l'aune, etc.; on leur donne dans le pays le nom de *couëron ;* le couëron de chêne, qui est noir et lourd, peut, comme l'ébène, servir à la fabrication de divers objets d'ébénisterie.

J'ai fait, aux îles de la Manche, un séjour de six semaines, depuis le 30 juillet jusqu'au 9 septembre, pendant lequel j'ai assisté à trois grandes marées. Mais les pluies, survenues au commencement de septembre, m'ont empêché de profiter de la dernière autant que j'aurais pu le faire, si le beau temps, qui m'avait continuellement favorisé pendant le mois d'août, avait continué jusqu'à la fin de mon séjour.

J'ai passé la plus grande partie de ce temps à Jersey, cinq semaines environ, et j'ai consacré une semaine à explorer Guernesey et Sark. C'est donc surtout de Jersey qu'il sera question dans ce mémoire. Les quelques jours que j'ai passés à Guernesey et à Sark m'ont cependant suffi pour ramasser des collections assez importantes et faire quelques observations qui seront rapportées plus loin.

Les observations dont je rendrai compte dans ce travail, sont surtout le résultat des recherches faites sur les côtes à mer basse. J'ai tenu cependant à les compléter, soit par des dragages, soit par des pêches pélagiques que je fis dans la baie de Saint-Aubin. J'avais l'intention de profiter de l'époque de morte eau de la fin du mois d'août pour faire une série de dragages, mais les mauvais temps, survenus à cette époque, m'en ont malheureusement empêché.

Ce n'est évidemment pas dans une aussi courte période que je pouvais espérer recueillir des matériaux suffisants pour dresser une liste complète des animaux qui habitent les côtes de Jersey et me rendre compte, en somme, de la faune de cette île. J'espérais toutefois, en partant, pouvoir recueillir un nombre de types suffisant pour me faire une idée de cette faune et recueillir quelques documents qui pourraient être utilisés plus tard dans des travaux de géographie zoologique.

J'ai, d'ailleurs, eu l'heureuse chance de rencontrer à Jersey un homme qui s'occupe depuis quelques années de l'étude des animaux marins et qui m'a donné de précieux renseignements qui m'ont certainement épargné une perte de temps très considérable. M. Sinel, qui a fondé à Saint-Hélier un comptoir d'histoire naturelle, connaît très bien les côtes de l'île et, bien qu'il ne se fût guère occupé jusqu'alors que des Mollusques et des Crustacés supérieurs, il m'a indiqué, dès le premier jour de mon arrivée, les points de la côte que je devais explorer de préférence et ceux que je devais laisser de côté. On verra, en effet, par la suite, que les côtes occidentale, septentrionale, et une partie de la côte orientale, soit qu'elles ne découvrent que fort peu à mer basse, soit qu'elles n'offrent que des plages arides et sableuses, sont d'une pauvreté remarquable sous le rapport de la faune. Je me suis donc contenté de les visiter rapidement et de m'assurer que, réellement, elles ne méritaient pas d'être explorées en détail, pour consacrer tout mon temps à des recherches plus fructueuses dans la région méridionale, mieux favorisée à cet égard. Je suis très reconnaissant à M. Sinel pour les indications qu'il m'a données, grâce auxquelles mes recherches ont été rendues plus faciles, puisque j'ai pu profiter de l'expérience qu'il avait acquise depuis plusieurs années ; les remarques que j'ai pu faire sur l'absence, sur la présence et sur la répartition de certaines espèces acquièrent ainsi plus de valeur que si j'eusse été livré à mes seules ressources. Lorsque, par exemple, je dirai dans le courant de ce mémoire que telle ou telle espèce est très rare à Jersey, ou qu'elle n'y existe pas, je me baserai, non pas seulement sur mes observations faites un peu à la hâte, mais je m'appuierai aussi sur les observations faites par M. Sinel pendant plusieurs années, et par lesquelles mes remarques auront été confirmées et acquerront ainsi une portée plus grande.

Je n'ai pas voulu — il m'aurait d'ailleurs été absolument impossible de le faire — m'occuper de tous les groupes d'animaux dont l'ensemble constitue la faune marine de Jersey. J'ai d'abord écarté les Poissons. Leur étude et surtout leur conservation nécessitent tout un matériel encombrant et que je ne pouvais installer dans une chambre. De plus, on ne peut songer à étudier les Poissons que dans un pays où les pêcheurs sont nombreux. Or, à Jersey, dont tous les habitants cultivent la terre, il n'y a presque pas de pêcheurs, et tout le poisson qui s'y vend arrive de Guernersey et des côtes de France. Je me suis contenté de noter les noms des espèces que j'ai reconnues sur les marchés de Jersey et de Guernesey et j'en donnerai la liste plus loin. J'ai aussi laissé complètement de côté les Mollusques. La liste des espèces trouvées à Jersey a été publiée par M. Duprey, pharmacien à Saint-Hélier, dans deux notes insérées dans les *Annals and magasine of Natural History*. Comme M. Duprey s'occupe depuis plusieurs années de la récolte des Mollusques, j'ai estimé que je ne trouverais rien à faire après lui et je me contenterai de reproduire sa liste, en ajoutant seulement quelques Nudibranches qui n'y sont pas mentionnés. Je dois aussi à M. Duprey d'utiles renseignements sur Jersey.

Je n'ai évidemment pas la prétention de présenter dans ce mémoire un tableau exact et complet de la faune des îles Anglo-normandes, ou seulement de Jersey, où j'ai séjourné le plus longtemps. Les listes que je donne renferment bien des lacunes qui seraient facilement comblées, et mon travail paraîtra d'une bien faible valeur, si l'on se rappelle les belles recherches faites autrefois dans des îles voisines de Jersey, aux îles Chausey, par M. Milne Edwards et M. de Quatrefages, ces fondateurs de la zoologie française. Peut-être, cependant, ces notes offriront quelque intérêt aux naturalistes et serviront tout au moins à guider les zoologistes qui visiteront ces îles si fréquentées depuis quelques années ; il pourront y trouver des renseignements qu'ils mettront à profit, sachant de suite quelles lacunes ils doivent surtout chercher à combler.

J'ai publié mes observations, d'abord parce qu'à ma connaissance du moins, personne n'a jamais fait connaître la faune des îles Anglo-normandes (je ne parlerai que pour mémoire de la liste des animaux donnée dans l'ouvrage d'Anstedt et Lathan, liste par trop fantaisiste pour être de quelque utilité aux zoologistes, d'ailleurs l'ouvrage est fait avant tout pour des touristes) ; et qu'ensuite, les travaux sur les faunes locales sont assez rares, en France surtout, d'où il résulte que nous ne connaissons que d'une manière très imparfaite la faune de nos côtes de la Manche et de l'Atlantique. Il n'en est pas de même pour nos côtes de la Méditerranée, sur la faune desquelles nous possédons d'importants documents, grâce surtout aux belles recherches de M. Marion, qui, depuis vingt ans, consacre tous ses instants à explorer cette région si riche et si attrayante. Il est à espérer que maintenant, comme tous les jeunes zoologistes tiennent à aller travailler au bord de la mer, nos côtes de la Manche et de l'Atlantique seront peu à peu explorées en détail et que nos connaissances sur la répartition des animaux arriveront ainsi à s'étendre.

Je crois donc que cet essai sur la faune des îles de la Manche, malgré ses nombreuses imperfections, pourra présenter quelque intérêt, lorsque des recherches analogues auront été faites sur divers points de notre littoral. Les travaux de ce genre, lorsqu'ils sont isolés, ne peuvent évidemment pas avoir une grande valeur, mais un ensemble de travaux portant sur la faune de régions distinctes et dans lesquels on peut mettre en regard, d'une part, la liste des animaux trouvés en un point donné, et d'autre part, la la nature du terrain, la constitution géologique du sol, les courants marins, la température et tous les facteurs en général qui influent sur la distribution géographique des animaux, un tel ensemble de travaux, dis-je, présenterait un grand intérêt. C'est alors que nous posséderions des documents intéressants qui seraient utilisés avec fruit par les naturalistes et qui permettraient de résoudre d'importants problèmes de géographie zoologique. L'intérêt qu'offrent ces travaux de zoologie pure n'échappe à personne et leur nécessité s'impose actuellement d'une façon absolue.

On pourra voir, en parcourant la liste des animaux que j'ai recueillis pendant mon voyage, que la faune de Jersey comprend un assez grand nombre d'espèces distinctes. Cependant j'ai remarqué, et j'attache à ce fait une certaine importance, que si les espèces sont assez nombreuses, en revanche les représentants d'une espèce donnée le sont beaucoup moins, et en ce qui concerne le *nombre* des spécimens, la faune est relativement pauvre. Quiconque aura parcouru les côtes de Bretagne et viendra visiter Jersey, vérifiera facilement le fait que j'avance et qui m'a frappé dès les premiers jours. Il y a évidemment un certain nombre d'espèces qui sont communes partout et qui ne doivent pas entrer en ligne de compte lorsqu'on veut envisager d'un coup d'œil d'ensemble la faune d'une localité. Mais, je le répète, la faune m'a paru assez pauvre à Jersey et c'est une remarque qui ne se dégage pas de l'étude de chaque type en particulier, mais de la somme d'observations faites journellement à la côte.

Quelles sont les conditions qui influent sur la répartition des espèces et déterminent leur rareté ou leur fréquence dans telle ou telle localité? Pourquoi, par exemple, les Échinodermes sont-ils à peine représentés à Jersey, puisqu'on n'en trouve communément à la côte que trois ou quatre espèces? Y a-t-il une relation entre ce fait et la constitution géologique du sol? Y a-t-il lieu d'invoquer des influences locales, de rappeler que Jersey est une île de formation récente et que les points que nous pouvons explorer ne sont recouverts par la mer que depuis quelques siècles? Ce sont là des questions auxquelles il est bien difficile de répondre actuellement. Nous devons nous contenter, pour le moment, d'amasser des matériaux qui nous permettent d'assigner à la faune d'une région certains caractères qui lui sont propres en attendant que nous puissions coordonner tous les résultats obtenus et en dégager des lois fixes.

JERSEY.

L'île de Jersey, située entre 4°21′ et 4°35′ de longitude ouest et 49°10′ et 49°15′ de latitude nord, a la forme d'un parallélogramme à bords irréguliers et assez profondément découpés. Sa plus grande longueur, depuis l'extrémité sud-est jusqu'à la pointe nord-ouest, c'est-à-dire depuis la pointe de la Rocque jusqu'à la pointe Gros-Nez, est de 19 kilomètres; depuis la pointe de Corbières jusqu'à la pointe de la Coupe, qui sont les extrémités de l'autre diagonale, la distance est un peu moindre. Sa largeur varie entre sept et dix kilomètres, l'île étant plus large aux deux extrémités qu'en son milieu où elle est profondément excavée par la baie de Saint-Aubin.

L'île de Jersey est inclinée du nord au sud et au sud-est; la région septentrionale atteint en effet une hauteur de soixante à quatre-vingt mètres au-dessus du niveau de la mer, et à mesure qu'on s'éloigne de la côte nord pour redescendre vers le sud, on voit l'altitude diminuer régulièrement, surtout dans les régions du sud et du sud-est, où les terres peu élevées se continuent avec les grèves étendues des baies de Saint-Aubin, de Saint-Clément et de Grouville, tandis qu'au sud-ouest la côte est plus élevée et forme quelques escarpements entre Sainte-Brelade et la pointe de Corbières. On se rend facilement compte de l'inclinaison des terrains à Jersey en jetant les yeux sur une carte de l'île. On remarque, en effet, que de nombreux cours d'eau parcourant l'île du nord au sud, prennent leurs sources dans la région septentrionale, à un kilomètre à peine de la côte nord, et traversent ainsi la plus grande partie de l'île en se dirigeant, la plupart vers le sud, quelques-uns vers l'est ou l'ouest, offrant ainsi un parcours de plusieurs kilomètres; tandis qu'au contraire, les cours d'eau qui se dirigent vers le nord, prennent leurs sources au même niveau que les précédents et se jettent dans la mer après un très court trajet.

L'île de Jersey est en grande partie formée par de la syénite qui affleure dans de nombreux points, en particulier dans les régions du nord, du sud-est et du sud-ouest. Cette roche, qui présente quelques variations dans sa coloration et la grandeur relative de ses éléments constitutifs, est exploitée dans plusieurs endroits pour servir aux constructions ou être exportée (carrières du Mont-Mado au nord, de l'Étacq au nord-ouest, de Sainte-Brelade au sud). Un grand nombre de monuments et d'édifices de Jersey sont ainsi construits en *granite rose.*

Là où la syénite n'affleure pas, elle est recouverte, soit par du diluvium, comme dans la plus grande partie de la région centrale de l'île, soit par des schistes argileux, dans la région de la baie de Saint-Aubin, par exemple, soit encore par des grès, des poudingues, des porphyres, ainsi que cela arrive dans toute la portion nord-est de l'île. Sur presque toute l'étendue des côtes, la syénite affleure et les rochers qu'elle forme, incessamment battus par les vagues, s'avancent souvent en mer sous forme de promontoires, d'aiguilles hardies, séparées par des déchirures profondes dont l'ensemble, avec sa teinte rouge, forme un tableau qui contraste singulièrement avec le paysage qui se cache derrière les rochers et offre brusquement une végétation riche et variée, des vallées pittoresques et des prairies boisées.

Mais ce qui nous intéresse plus particulièrement, ce sont les côtes, que je dois étudier avec quelques détails et que je décrirai en partant de Saint-Hélier.

Saint-Hélier, situé dans la vallée de Saint-Sauveur, s'étend sur la région la plus orientale de la baie de Saint-Aubin, dans la direction de l'ouest, et s'adosse, au sud et à l'est, contre une colline abrupte, haute de 50 mètres, appelée *Town-Hill* (Mont-de-la-Ville), qui s'avance sous forme d'une presqu'île triangulaire dont les parois tombent brusquement dans la mer, assez profonde en cet endroit qui ne découvre jamais. Toute cette masse de Town-Hill est formée de syénite rouge présentant par places une coloration verdâtre. Le port s'étend parallèlement au bord occidental de Town-Hill et il est limité au sud par la jetée Victoria.

A cause de la hauteur de la colline, on ne peut longer, à sa base, la côte qui court d'abord vers l'est ; il faut franchir Town-Hill et l'on redescend progressivement vers le rivage par le chemin de *la Colette.* La côte reste dès lors tout à fait basse ; elle change un instant sa direction et s'incline un peu vers le sud jusqu'au *rocher Witches*, puis reprend sa direction vers l'est jusqu'à la *pointe de la Rocque*, en présentant une concavité, peu profonde mais très étendue, qui forme la *baie de Saint-Clément*. C'est dans tout cet espace compris entre Town-Hill et la pointe de la Rocque que la côte est la plus basse, et la mer y découvre en se retirant une immense étendue de grèves parsemées de rochers, d'autant plus large qu'on se rapproche de la Rocque, et dont l'ensemble forme le *banc de Violet*. Les différentes régions de ces grèves et les rochers qui s'y trouvent ont reçu des noms spéciaux. Il y a d'abord le *Hâvre-des-Pas*, commençant à Town-Hill et limité à l'ouest par une série de rochers faisant face au château Élisabeth, dont ils sont séparés par un petit golfe profond : le plus avancé de ces rochers s'appelle *Dog-Nest*. C'est dans la région du Hâvre-des-Pas qu'on prend quelquefois en hiver de fort gros échantillons de *Carcinus mœnas*, d'où le nom de *Crabière* donné par les habitants à cette portion de la côte. C'est une station assez riche sous le rapport de la faune : j'y ai trouvé un crustacé très rare, l'*Acheus Cranchii*, Leach.

A la suite du Hâvre-des-Pas, vient la *grève d'Azette*, tournée vers le sud-ouest et parsemée de rochers dont les plus importants forment les masses appelées *la Ronde, le Croc*, voisins de la côte, *le Rocher-Blanc* et *la Sambue*, beaucoup plus éloignés et situés à la limite de la laisse des plus basses mers, et enfin *la Mothe*, qui sépare la grève d'Azette de la baie de Saint-Clément.

Cette grève d'Azette, avec tous les rochers qui s'y trouvent, y compris celui de la Mothe, est, avec la vaste étendue de terrains qui découvre au sud-est de la Rocque, la station la plus riche de toute l'île ; je l'ai explorée à peu près à fond, et d'autant plus volontiers que, logé dans les environs, je n'avais que quelques pas à faire pour me rendre à la côte. La mer en se retirant forme de nombreuses mares, peu profondes, offrant une riche végétation de Zostères, entourées de rochers tapissés d'une épaisse couverture d'algues et formant souvent de petites grottes naturelles abritant des animaux intéressants. En certains points où le terrain est en pente, il se forme des ruisseaux déversant le trop-plein des endroits élevés, et c'est dans ces ruisseaux où l'eau se renouvelle constamment et qui ne se trouvent, par conséquent, jamais à sec, qu'on peut faire les plus belles récoltes de Bryozoaires, d'Ascidies composées, d'Hydraires et de certaines espèces d'Éponges ; près des rives, le courant est moins rapide et l'on récolte, en retournant les pierres, de très belles Annélides. L'un de ces ruisseaux, qui se trouve vis-à-vis le rocher Witches, près de la pointe Le Nez, m'a surtout procuré d'abondantes récoltes. Certaines stations, telles que le bord nord du rocher de la Ronde, où j'ai trouvé de nombreux échantillons de *Tethya Lyncurium,* Johnst., le voisinage du rocher Pic-Triple, le pourtour de l'île de la Mothe, jusqu'à la Sambuc, méritent d'être signalées. C'est dans cette dernière région que j'ai capturé plusieurs échantillons d'un Hémiptère marin très rare, l'*Æpophilus Bonnairei,* Sign., sur lequel j'aurai occasion de revenir.

A la suite de la grève d'Azette, vient la baie de Saint-Clément qui s'étend, depuis la pointe Le Nez jusqu'à la *pointe Sambière,* près de la pointe de la Rocque, sous forme d'un golfe peu excavé où la mer en se retirant découvre une grève très étendue, semée de rochers dont les plus éloignés, *la Rousse* et la *Tour Ikhot,* sont à trois kilomètres de la terre ferme. L'aspect général de la baie de Saint-Clément est le même qu'à la grève d'Azette, mais les rochers, plus exposés aux vents, y sont plus nus, moins couverts d'algues, et les mares qui se forment à mer basse sont moins nombreuses qu'à la grève d'Azette. J'ai recueilli dans la baie de Saint-Clément presque toutes les espèces que j'avais trouvées à la grève d'Azette, mais au prix de recherches plus laborieuses. Je n'ai aucune remarque à faire sur la faune, sinon qu'elle est assez pauvre.

La région suivante, appartenant à la portion sud-est de l'île, est par contre beaucoup plus riche.

C'est l'espace triangulaire découvert à mer basse qui a pour sommet la Rocque et dont la base s'étend depuis la *Conchière* jusque bien au delà de la pointe Seymour. La portion dont l'exploration m'a été la plus profitable, est comprise entre la Rocque, la pointe Seymour et la tour du même nom, ainsi qu'entre cette dernière et *Karamé.* Il existe, en effet, dans tout cet intervalle une épaisse couche de vase, en partie recouverte de Zostères, dans laquelle vivent un certain nombre de Crustacés fouisseurs qui y creusent des galeries (*Calianassa*, *Gebia* et *Axius*), ainsi que plusieurs Vers intéressants appartenant aux genres *Valencia*, *Marphysa*, *Nephtys*, *Phascolosoma*, etc... Les recherches y sont cependant assez pénibles, vu la difficulté qu'on éprouve à creuser dans cette vase épaisse et tenace, et il est bon d'emmener avec soi un manœuvre pour manier la bêche. Dans les endroits non vaseux, la faune est à peu près la même qu'à la grève d'Azette ; quelques espèces s'y montrent cependant plus abondantes qu'en d'autres points. Ainsi, j'y ai trouvé, parmi les Crustacés supérieurs, des *Pagurus*, *Pisa tetraodon*, *Maia squinado*, *Xantho rivulosa*, *Portunus puber* et *pusillus*, *Thia polita*, etc. Les Échinodermes paraissent aussi plus abondants ; les Ophiures (*Ophiotryx fragilis*) sont très communs ; M. Sinel y a trouvé une ou deux *Holothuries* et une seule fois un Spatangue mort, rejeté probablement à la côte par un coup de vent. Les Ascidies simples y sont représentées par de très nombreuses *Ascidia mentula*, Müll., et de *Ciona intestinalis*, L. (forme type et variétés *canina* et *fascicularis*) ; enfin, dans certains points, la plage, couverte de sables fins et de graviers, présente de nombreux échantillons de Molgules (*Anurella roscovita*, Lacaze). La Rocque est également une très bonne station pour la recherche de Mollusques.

Depuis la Rocque jusque la pointe de la Coupe, qui forme l'extrémité nord-est de l'île, la côte n'offre aucune localité intéressante au point de vue de la faune qui est extrêmement pauvre. C'est d'abord l'immense baie de Grouville s'étendant depuis la Rocque jusqu'à Gorey, et où la mer découvre une immense grève uniforme, présentant à peine quelques rochers nus, et ne renfermant que quelques Annélides très communes. Les mêmes conditions se retrouvent au nord de Gorey, dans la baie Sainte-Catherine et dans la baie Fliquet, qui nous conduit à la pointe de la Coupe.

Tout la portion de côte comprise entre Saint-Hélier et Gorey est à peu près exclusivement syénitique ; les rochers dont l'ensemble forme le banc de Violet sont tous composés de cette roche et présentent le même aspect rougeâtre uniforme. La structure de la côte change à partir du château de Montorgueil (Gorey), où elle présente d'abord des grès de couleur brune ou violacée, très résistants, puis des conglomérats à gros éléments dont j'ai parlé tout à l'heure et qui se continuent jusqu'à l'extrémité nord-ouest de l'île.

En même temps que disparaît la syénite, on voit la côte se relever peu à peu et présenter des escarpements d'autant plus élevés qu'on se rapproche de la pointe de la Coupe, circonstance qui fait que la côte découvre très peu pendant les marées ; et de fait, les cartes marines n'indiquent qu'une très faible laisse de mer basse dans la baie Sainte-Catherine. Celle-ci n'offre, quand la mer se retire, qu'une grève sableuse parsemée de rochers nus, et c'est en somme une mauvaise station, où je n'ai recueilli que quelques types d'Amphipodes et de Chétopodes très communs (*Talitrus, Gammarus, Nephtys, Arenicola, Nereis cultrifera,* etc., etc.).

La région de la côte méridionale de Jersey, située à l'ouest de Saint-Hélier, présente deux baies profondes, dont la première et la plus étendue est la baie de Saint-Aubin, et la deuxième, plus petite, séparée de la précédente par un promontoire que termine la pointe de *Noirmont,* est la baie de *Sainte-Brelade.* Le port de Saint-Hélier, avons-nous vu, est situé dans la région orientale de la baie de Saint-Aubin, et la *jetée Albert* qui le limite à l'ouest, le sépare du reste de la baie. A l'ouest du port et vis-à-vis son entrée, se trouve le *château Élisabeth,* forteresse située sur un rocher à une distance d'un kilomètre de la ville ; on s'y rend à mer basse par une chaussée parallèle à la jetée Albert. Au sud du château se trouvent quelques rochers assez considérables appelés *l'Hermitage ;* et l'espace entre le château et le port offre une série de petits îlots rocheux qui découvrent tous à mer basse et abritent quelquefois des types intéressants. C'est ainsi qu'on trouve auprès d'un de ces rochers, situé tout près de l'entrée du port, le *Stenorhynchus ægyptus,* Edw., crustacé nouveau pour la Manche.

Les rochers, toujours de nature syénitique, qui forment le massif du château Élisabeth, sont peu élevés vers le nord, c'est-à-dire du côté de Saint-Hélier, où ils s'inclinent en pente douce, mais sont plus élevés de l'autre côté, où ils plongent à pic dans la mer.

Au pied du château, entre le fort et Saint-Hélier, se trouvent des sables vaseux dans lesquels vivent de nombreuses Annélides, assez communes d'ailleurs : *Cirratulus Lamarkii, Terebella conchilega, Nephtys Hombergii, Arenicola piscatorum,* etc. J'y ai recueilli aussi le *Corystes cassivelaunus,* Penn., qui s'enfonce dans le sable. Les pêcheurs viennent récolter en cet endroit de nombreux *Solen,* dont ils s'emparent en employant un procédé très simple, usité aussi sur nos côtes. Ils savent reconnaître, par sa forme, le trou au fond duquel se trouve le mollusque, et ils se contentent d'y jeter une pincée de sel ordinaire. Au bout d'une demi-minute, le Solen, prenant un point d'appui sur son pied considérablement gonflé, sort peu à peu de la cavité où il se trouve et il est ainsi facilement saisi. Les pêcheurs peuvent donc récolter très rapidement et sans aucune fatigue un grand nombre de ces Lamellibranches.

La région occidentale du château comprend des prairies de Zostères où abondent les *Mysis* associés aux *Temisto brevispinosus,* Goods., *Hippolyte varians,* Leach., les Aplisies (*A. punctata,* Cuv.), excessivement nombreuses à de certaines années, mais assez rares en 1884 ; plusieurs Nudibranches, tels que *Doris tuberculata,* Cuv., et *Johnstoni,* A. et H., *Eolis Cuvieri,* Lam., *Triopa claviger,* Müll., *Fiona nobilis,* A. et H., communs surtout au printemps. En certains points, vers le sud, les sables deviennent moins vaseux et sont remplacés par des graviers dans lesquels abondent les Molgules (*Anurella roscovita,* Lac.), et sur lesquels courent des Crustacés peu communs, tels que le *Pirimela denticulata,* Leach.

Les rochers, surtout à l'Hermitage, sont tapissés par des touffes de *Cynthia rustica,* Müll., sous lesquelles vivent des Crustacés et des Vers que j'étudierai plus loin ; on y trouve aussi des *Ascidia producta,* Hanck., des *Ascidiella scabra,* Müll., et plusieurs espèces d'Éponges (*Leuconia nivea,* Grant, *Dictyocylindricus ramosus,* Bow., *Halichondria panicea,* Johnst.) et des *Leptoclinum,* etc.

Quant au reste de la baie de Saint-Aubin, la mer y découvre, en se retirant, une plage immense, uniforme et sableuse, n'offrant aucun rocher à visiter et pas d'intérêt pour le zoologiste, qui n'y trouvera que des Arénicoles, des Nephtys, des Cirratules, que les pêcheurs recherchent comme amorces.

A l'autre extrémité de la baie, vis-à-vis la petite ville de Saint-Aubin, apparaissent quelques rochers dont l'un supporte un vieux château. Les algues qui recouvrent les pierres, renferment un assez grand nombre de Crustacés intéressants, tels que *Idothea linearis*, L., *acuminata*, Leach, et *tricuspidata* Desm., associés à plusieurs Amphipodes (*Atylus Swammerdamii*, Sp. B.; *Podocerus falcatus*, Sp. B.; *Anonyx Edwardsii*, Kröyer). J'y ai rencontré aussi une *Doris Johnstoni*, A. et H., et quelques Ascidies (*Ascidia mentula*, Müll., et *producta*, Hanck., *Ciona intestinalis*, L.), des *Amaroucium Nordmanni*, Edw., et *albicans*, Edw., et *Didemnum sargassicola*, Giard.

Le fond de la baie de Saint-Aubin est occupé par un terrain bien différent de celui que nous avions vu jusqu'ici. A partir de l'extrémité du port de Saint-Hélier, au point où se termine la hauteur de Town-Hill, la côte devient très basse et présente, jusqu'au delà de Saint-Aubin, des schistes argileux gris, tantôt friables, tantôt, au contraire, très compactes et durs, et exploités vers Chepseade comme pierres de construction.

A partir de Saint-Aubin, la côte commence à se relever et les schistes disparaissent pour faire de nouveau place à la syénite. Les rochers deviennent assez escarpés et atteignent une certaine hauteur à l'extrémité de la pointe de Noirmont qui sépare la baie de Saint-Aubin de celle de Sainte-Brelade. Le rivage du fond de cette baie est très peu incliné ; la plage y est couverte d'un sable fin, mais les rochers nus qui la limitent, n'offrent aucun intérêt au naturaliste. Dès qu'on abandonne Sainte-Brelade, on voit la côte se relever brusquement et présenter des falaises à pic qui se continuent jusqu'à l'extrémité nord-ouest de l'île, c'est-à-dire jusqu'aux *Corbières*.

La côte occidentale de l'île, depuis Corbières jusqu'à la pointe Gros-Nez, est légèrement excavée et elle est occupée, en son milieu, par une longue plage sablonneuse, uniforme, la baie de *Saint-Ouen*, qui s'étend jusqu'à *l'Étacq*, à peu de distance de la pointe nord-ouest. Tout le fond de cette baie est aride et desséché, par suite de la fréquence des vents d'ouest qui y poussent des sables. Cette région est très mal favorisée sous le rapport de la faune, qui y est à peu près nulle. Au niveau des Corbières, de nombreux rochers pressés les uns contre les autres forment un ensemble très pittoresque, et quelques-uns d'entre eux atteignent une grande hauteur. Cette région de l'île est très remarquable et tout à fait sauvage, mais les rochers, incessamment battus par une mer agitée, sont tout à fait dépourvus de végétation : on n'y rencontre que quelques Balanes, des Patelles, les *Littorina rudis* et sa variété *saxatilis*. Les rochers reparaissent dans le nord de la baie de Saint-Ouen, mais pour être moins remarquables comme aspect, ils n'en sont pas plus intéressants par leur faune. A partir de l'Étacq, la côte se relève et prend les caractères que nous allons lui voir sur le rivage septentrional de l'île.

La côte septentrionale de Jersey présente, sur presque toute sa longueur, une série d'escarpements et est limitée par une haute barrière rocheuse taillée à pic. Elle offre une série de petites baies, séparées par des promontoires abrupts, au bas desquels la mer, toujours agitée, a creusé dans les rochers des grottes plus ou moins profondes et sans cesse battues par les vagues. Il n'existe, tout le long de cette côte, aucun abri pour les bateaux, mais seulement des anses peu profondes, où les barques seules ont accès. Il n'y a donc qu'une portion à peu près insignifiante de cette côte taillée à pic qui découvre à mer basse, et il ne peut pas être question de s'y livrer à des recherches zoologiques. Il est d'ailleurs, en général, difficile de descendre jusqu'au rivage, sauf dans quelques points où la mer, en se retirant, découvre des plages sableuses peu étendues, très visitées par les touristes. Telles sont les baies de *Rozel,* de *Giffard,* de *Bonne-Nuit,* du *Trou-du-Diable,* de *Lecq,* et la grève du *Lançon* devant les grottes de Plémont. J'ai visité la plupart de ces points, ainsi que d'autres régions accessibles de la côte, et j'ai constaté partout que la faune était remarquablement pauvre, comme aussi la végétation. Sur les rochers, trop battus par les flots, peuvent à peine se fixer les Balanes, les Patelles, les Littorines, etc. ; les grèves de sable n'abritent que des Annélides peu intéressantes. Dans un certain nombre de points, comme à la grève du Lançon, qui tire son nom de cette circonstance, abonde un charmant petit poisson qui s'enfonce avec agilité dans le sable, le Lançon ou *Ammodytes tobianus*, Les., le *Sand launce* des Anglais[1].

Si la côte septentrionale de l'île n'offre rien d'intéressant aux zoologistes, en revanche, elle offre aux touristes des points de vue très remarquables. Les paysages y sont grandiosés et très imposants et l'ensemble de cette côte ressemble beaucoup à la côte méridionale de Guernesey qui lui fait face, quoique, cependant, cette dernière possède des points de vue avec lesquels Jersey ne peut pas rivaliser.

Cette côte septentrionale offre, sur plus de la moitié de sa longueur, depuis la pointe de Plémont jusqu'à la baie de Bonne-Nuit, des falaises de syénite qui font ensuite place à des porphyres durs, foncés, jusqu'à la baie de Boulay, dont le fond est occupé par des grès à gros éléments, lesquels se trouvent remplacés par des poudingues et des conglomérats très durs qui s'étendent jusqu'à l'extrémité nord-est de l'île, où ils se continuent avec les formations analogues que nous avons vues sur la côte orientale.

Quelle que soit d'ailleurs la roche qui la forme, la côte reste abrupte sur toute son étendue ; les cartes marines n'y indiquent qu'une laisse de basse mer, nulle ou à peu près, sauf dans les petites baies dont je donnais les noms tout à l'heure.

On voit donc, par cette description des côtes de Jersey, que ce sont avant tout et presque exclusivement les régions sud et sud-

1. L'*Ammodytes tobianus* est plus estimé que l'*A. lanceolatus*, Cuv., espèce très voisine. Pendant longtemps, les auteurs ne se sont pas accordés sur les caractères distinctifs de ces deux espèces dont la synonymie était fort embrouillée. On réserve maintenant le nom d'*A. tobianus* aux individus ayant la mâchoire supérieure protractile, le vomer dépourvu de dents et le corps un peu plus ramassé que l'*A. lanceolatus* dont le vomer est muni de deux saillies en forme de dents et dont la mâchoire supérieure n'est pas protractile. Jourdain a décrit récemment une troisième espèce de la Manche, l'*A. sesquisquamosus*, dont les écailles sont caduques et n'existent que dans la région caudale ; elle est plus rare que les deux autres, et est appelée *Jolivet* à Saint-Malo. Cette espèce, comme le fait remarquer Jourdain, pourrait bien être identique à l'*A. Siculus*, Swain (*A. cicerellus*, Rafin). Moreau, dans son ouvrage sur les Poissons, ne discute pas cette synonymie : il n'indique du reste, dans la Manche, que les deux premières espèces.

est de la côte qui doivent être explorées par le zoologiste. Les côtes orientales et occidentales n'offrent, à mer basse, que des grèves uniformes et sableuses, dont la faune est extrêmement réduite, à peu près nulle. Quant aux côtes du nord, elles ne découvrent pas.

Depuis le château de Saint-Aubin jusques et au delà de la Rocque, la laisse de basse mer est très étendue, sauf au niveau de la colline de Town-Hill, devant laquelle la mer reste assez profonde, et qui divise ainsi en deux régions cette immense étendue de terrain qui découvre si largement : l'une, située à l'ouest d'une ligne allant de Town-Hill au château Élisabeth, qui lui fait face, comprend la plus grande partie de la baie de Saint-Aubin, région peu intéressante en somme ; l'autre, située de l'autre côté de cette ligne, et renfermant une faune variée et assez riche.

D'après ce que je viens de dire des grèves d'Azette et de Saint Clément, on a pu voir que tout l'ensemble du banc de Violet présentait à peu près, dans toute son étendue, le même aspect et la même faune ; je n'ai eu à mentionner qu'une bande de vase assez développée, s'étendant au large de la Rocque dans la direction du sud-est. A part cette région, tout le reste du banc est occupé par de nombreux rochers de syénite, couverts d'une riche végétation d'algues, au milieu desquels se forment, à mer basse, un grand nombre de mares plus ou moins étendues et dont le fond est occupé, soit par des graviers, soit par des prairies de Zostères.

Il ne doit donc pas être question d'établir, pour décrire la faune de Jersey, des distinctions entre les différentes régions explorées, distinctions qui seraient fondées, s'il y avait lieu, sur des différences de faune. J'insiste, au contraire, sur cette uniformité constante que m'ont offerte les régions que j'ai étudiées, c'est-à-dire les côtes du sud et du sud-est, représentant un peu moins de la moitié de la circonférence totale de l'île.

Aussi, en rendant compte, dans les pages qui suivent, de mes observations sur la faune de Jersey, j'étudierai successivement les différents groupes d'Invertébrés dont je me suis occupé, en indiquant, lorsqu'il s'agira de types intéressants ou peu connus, les régions où je les ai rencontrés, lesquelles, je le répète, ne peuvent pas former des territoires distincts sous le rapport de la faune.

Spongiaires.

J'ai recueilli à Jersey un assez grand nombre d'espèces d'Éponges ; malheureusement, il ne m'a pas été possible de déterminer la plupart d'entre elles. Les caractères différentiels chez les Éponges sont, dans l'état actuel de la science, si difficiles à établir, et les ouvrages de détermination donnent des descriptions si obscures et des planches si insuffisantes, qu'il est encore maintenant impossible, ou à peu près, de nommer les espèces que l'on recueille. J'ai éprouvé les mêmes difficultés que bien d'autres naturalistes qui, comme moi, n'ont pas pu faire de déterminations d'Éponges. Aussi, à mon grand regret, il ne m'a pas été possible d'utiliser la plus grande partie des matériaux que j'avais rapportés de Jersey.

J'ai cependant pu déterminer un certain nombre de mes échantillons, les plus caractéristiques. J'ai surtout fait mes déterminations à l'aide de l'ouvrage de Bowerbank.

Il est à peine besoin de citer, parmi les Éponges calcaires, le *Sycon ciliatum,* Hœck, éponge très commune partout et bien connue de tous les naturalistes ; j'ai recueilli aussi quelques échantillons de *Leucosolenia botryoides,* Bow., sur les algues. Lors d'une grande marée, j'ai trouvé sur les rochers de la grève d'Azette de nombreux échantillons de *Tethya lyncurium,* Johnst., et quelques *Dictyocylindricus ramosus,* Bow., au château Élisabeth, sous des rochers couverts de *Cynthia rustica.* L'*Halichondria panicea,* Johnst., est une Éponge facile à reconnaître et qui couvre les rochers de larges expansions vertes ou brunes. J'ai trouvé aussi très fréquemment sous les pierres des Éponges volumineuses, formant des masses cylindriques, ramifiées et anastomosées, de couleur jaunâtre, et qui doivent, sans doute, être rapportées à l'*Isodyctia simulans,* Bow. Une autre Éponge, également très commune, forme de minces couches, difficiles à détacher, à la surface des rochers ; elle est facilement reconnaissable à sa belle couleur rose et est peut-être identique à la

Verongia rosea, trouvée par Barrois à Saint-Waast. Je citerai encore l'*Isodyctia parasitica*, Bow., qui vit sur les algues, de préférence sur les fucus, et se présente sous forme de masses jaunâtres. Enfin, l'Éponge qu'on trouve communément sur les téguments de certains Crustacés, le *Pisa Gibsii*, l'*Inachus dorynchus*, par exemple, doit peut-être être rapportée au *Desidea fragilis*, de Bowerbank.

Malheureusement, je le répète, j'ai dû renoncer à déterminer mes autres échantillons. Tous les naturalistes qui se sont servis de l'ouvrage de Bowerbank savent qu'il est presque impossible de reconnaître les Éponges qu'il décrit, et c'est, avec l'ouvrage de Johnston, encore plus imparfait, le seul livre sur les Éponges de la Manche dont j'ai pu me servir.

Cœlentérés.

La faune des Cœlentérés de Jersey n'offre rien de particulier : les types qu'on rencontre sont ceux qu'on trouve sur toutes nos côtes. Parmi les Zoanthaires, je citerai l'*Anemonia sulcata*, Penn. (*Anthea cereus*, Hass.) et l'*Actinia equina*, L. (*A. mesembryanthemum*, Ell. et Soll.), deux espèces des plus communes. On a créé, avec ces deux espèces, de nombreuses variétés pour consacrer des changements de coloration, susceptibles d'ailleurs de présenter de grandes variations, et qui ne paraissent pas très stables. Les rochers du fort Élisabeth sont couverts d'*Actinia equina* dont tous les échantillons ont une couleur olive noire uniforme. Le *Tealia crassicornis*, Thomps., est souvent associé à ces deux espèces, mais leur est toujours subordonné en nombre. Les *Bunodes gemmacea*, Goss., se trouvent en abondance dans les petites mares peu profondes dont le fond est occupé par des graviers. Dans les mêmes stations, on rencontre fréquemment des *Sagartia parasitica*, Couch., l'espèce d'Actinies qui dans nos mers atteint la plus grande taille. Elle vit sur les coquilles où s'abritent les Bernards-l'hermite et dont les bords portent toujours une riche garniture d'*Hydractinia echinata*. Une autre espèce du même genre, la *Sagartia bellis*, Goss., de dimensions beaucoup plus réduites, se trouve assez communément attachée aux rochers, enfoncée souvent dans des crevasses ou dans de petites cavités dont il est difficile de l'extraire sans l'endommager. Une troisième espèce, dont la livrée est analogue à celle de la précédente, l'accompagne parfois : c'est la *S. troglodytes*, Gosse. J'ai enfin trouvé, une fois, deux exemplaires d'une petite Actinie blanche fixée contre les rochers du château Élisabeth et que je n'ai pas pu distinguer de la *Sagartia sphyrodeta*, var. *candida*, décrite par Gosse. L'*Edwardsia Beautempsii*, Qf., est assez commune dans les sables vaseux et je l'ai rencontrée en assez grande abondance sur le pourtour du château Élisabeth et aux environs de la Rocque.

Enfin, pour terminer l'énumération des Actinies de Jersey, je dois encore signaler l'*Adamsia palliata*, Bodd., qui n'abandonne jamais une certaine profondeur et que j'ai draguée dans la baie de Saint-Aubin ; elle se trouve fixée sur les coquilles de Buccin où vit l'*Eupagurus Prideauxii* et offre un nouvel exemple de commensalisme analogue à celui que montre la *Sagartia parasitica*.

Les *Hydraires* sont très communs à Jersey et représentés par les espèces qu'on trouve abondamment sur nos côtes. Leur étude n'offre pas un grand intérêt et je me contenterai d'indiquer les noms des espèces que j'ai rencontrées : *Campanularia angulata* et *flexuosa*, *Clava squamata*, *Corine vagina*, *Eudendrium rameum* et *ramosum*, *Plumularia geniculata* et *falcata*, *Sertularia pumila*, *abietina* et *operculata*, *Hydractinia echinata*, *Podocoryne carnea*, *Obelia geniculata*.

Je n'ai pas trouvé à Jersey de *Lucernaires* que je pensais y rencontrer. Elles y existent cependant et M. Sinel m'a dit en avoir recueilli quelques-unes, au printemps en général, mais jamais en bien grande quantité.

En ce qui concerne les autres Cœlentérés appartenant aux groupes des Cténophores et des Acalèphes, on conçoit qu'avec une installation aussi provisoire que la mienne et les faibles moyens dont je pouvais disposer, je ne me sois pas occupé de ces animaux qui demandent à être observés sur place et dont la conservation, toujours fort difficile, n'aurait pas pu être obtenue. J'ai recueilli, dans mes pêches pélagiques, de nombreux échantillons de *Pleurobrachia*. Quant aux Méduses, elles m'ont paru singulièrement nombreuses dans les eaux des îles Anglo-normandes. Cela tient sans doute à la température relativement élevée de ces eaux qui sont réchauffées par le Gulf-stream. Pendant les excursions que je fis aux environs de Jersey, le nombre des Méduses qu'on apercevait du bateau était réellement très élevé (Rhizostomes et autres).

Échinodermes.

C'est certainement l'embranchement le plus mal représenté à Jersey ; les spécimens qu'on y rencontre sont en général peu nombreux et appartiennent à des types peu variés. Cette pauvreté très marquée dans la faune des Échinodermes constitue même une des particularités les plus remarquables de la faune et m'a frappé dès le commencement de mes explorations. A part des *Asterina gibbosa*, Forb. (*Asteriscus verruculatus*, Retz.), des *Ophiotryx fragilis*, O. F. Müller, et des *Ophiopsila aranea*, Forb., je n'ai pour ainsi dire pas capturé de représentants du groupe des Échinodermes dans mes recherches à la côte.

Ainsi, même au moment des grandes marées, je n'ai pas rencontré une seule fois l'oursin ordinaire (*Strongylocentrotus lividus*, Brandt), si commun ailleurs, mais qui fait ici totalement défaut : M. Sinel m'a dit n'en avoir jamais trouvé qu'à la drague. C'est ainsi que, dans la baie de Saint-Aubin, il a capturé plusieurs échantillons de *St. lividus* et quelques *Sphærechinus granularis*, A. Ag. ; ces derniers sont d'ailleurs peu fréquents. Il a trouvé ainsi, pendant une grande marée, un test de Spatangue (*Spatangus purpureus*, O. F. Müll.) à la Rocque ; il y a tout lieu de supposer que cet animal avait été déposé là par les vagues et venait du large.

Parmi les Astéries, l'espèce la plus fréquente est sans contredit l'*Asterina gibbosa*, citée plus haut, qui est commune sur tous les rochers. Les *Asterias glacialis*, O. F. Müll., et *rubens*, L., *Astropecten aurantiacus*, Phil., et *Solaster papposus*, Retz., sont assez souvent rapportés par les pêcheurs ; et la première se trouve quelquefois à la côte.

Les Ophiures sont représentées par des *Ophiotryx fragilis*, Müll., et des *Ophiopsila aranea*, Forbes, et une espèce que j'ai trouvée en assez grande abondance en draguant dans la baie de Saint-Aubin, l'*Ophioglypha texturata,* Lam.

Les Holothuries sont encore plus mal représentées à Jersey, et je n'ai pas rencontré, pendant toute la durée de mon séjour, un seul animal appartenant à ce groupe. M. Sinel a capturé une fois à la Rocque un échantillon de *Cucumaria,* probablement le *Cucumaria communis,* Forb. Quant aux Synaptes, que j'ai trouvées à Guernesey, elles ne se rencontrent pas à Jersey.

Les Comatules ne se trouvent pas non plus à la côte ; les pêcheurs en rapportent du large, assez fréquemment paraît-il, mais je n'en ai jamais vu.

On le voit, cette absence presque complète d'Échinodermes à la côte et leur rareté relative dans les régions profondes du large, sont extrêmement remarquables et constituent incontestablement l'une des particularités les plus tranchées de la faune de Jersey. Lorsqu'on compare sous ce rapport les grèves de Jersey aux côtes de Bretagne où l'on rencontre à profusion les *Str. lividus, Psammechinus microtuberculatus, Asterias glacialis, Ophiures, Cucumaria, Synapta,* et *Comatula,* l'on ne peut s'empêcher d'être frappé de cette excessive pauvreté. Et ce n'est pas seulement sur mes seules observations que je me base pour établir ce fait ; toutes les personnes quelque peu versées dans la connaissance des animaux marins m'ont donné les mêmes renseignements en me disant : A Guernesey vous trouverez tous ces animaux, mais ici nous n'en voyons jamais.

Il est possible que cette pauvreté en Échinodermes, si répandus sur les côtes de France, distantes seulement de quelques lieues de Jersey, tienne à la constitution géologique de l'île, où les côtes, comme nous l'avons vu, ne présentent guère que des rochers de syénite. Il serait intéressant de savoir si, dans d'autres points où le sol est de nature syénitique, les Échinodermes sont aussi rares qu'à Jersey. Ce qui pourrait faire supposer que, dans le cas particulier, la constitution géologique du sol joue un certain rôle, c'est que sur les côtes septentrionales et orientales de Guernesey, qui n'offrent que du granite et des schistes, les oursins sont assez fréquents ; il en est de même à l'île de Sark, où la syénite paraît avoir été fortement remaniée et où les rochers de la côte, sur lesquels sont fixés de nombreux oursins, sont, soit des arkoses, soit des granites à éléments peu distincts et offrant souvent une structure feuilletée.

Quoi qu'il en soit, l'île de Jersey offre, quant à la faune des Échinodermes, un caractère négatif très constant et qu'il importe de signaler.

Vers.

J'étudierai successivement les TURBELLARIÉS et les POLYCHÈTES.

Turbellariés.

Parmi les PLANAIRES, l'espèce la plus commune, est sans contredit, le *Leptoplana tremellaris*, Œrstedt, qui se rencontre très fréquemment, appliqué contre la face inférieure des pierres, surtout à la grève d'Azette ; je ne l'ai trouvé qu'assez rarement dans les environs du château Élisabeth, ainsi qu'à Saint-Aubin. Une autre espèce très élégante, qui se trouve associée au *Leptoplana*, mais toujours en petit nombre, est le *Prostheceræus vittatus*, Lang. (*Proceros cristatus*, Qf.), dont le corps blanc jaunâtre offre de fines lignes noires parallèles. Les espèces suivantes paraissent être beaucoup plus rares. C'est d'abord l'*Oligocladus sanguinolentus*, Lang. (*Proceros sanguinolentus*, Qf.), remarquable par la vive coloration du tube digestif fortement teinté en rouge et qui tranche pour la couleur générale brun clair des téguments. Je l'ai rencontrée un jour de grande marée à la grève d'Azette (au rocher Pie-Triple) sous des pierres. Enfin, le *Stylochoplana maculata*, Stimps. (*Stylochus maculatus*, Qf.), caractérisé par de grandes taches blanches placées sur la ligne médiane du dos, est une jolie petite espèce dont j'ai trouvé un jour plusieurs exemplaires au large de la Mothe, sous des pierres abritées dans une petite grotte.

Les NÉMERTES m'ont offert un certain nombre de types intéressants à étudier. Je citerai d'abord le *Lineus longissimus*, Sim. (*Borlasia Angliæ*, Qf.), le *Sea long worm* de Borlase, nom que lui donnent toujours les pêcheurs à Jersey, et qui atteint quelquefois une longueur prodigieuse, de 20 à 25 mètres ; il n'est pas rare d'en trouver des échantillons de 5 et 6 mètres de long. On rencontre assez fréquemment cette Némerte, les jours de grande marée, sous les pierres où elle reste immobile et entortillée ; les grands individus forment des nœuds réellement inextricables, comme le dit M. Quatrefages. Le *L. longissimus* paraît être assez commun dans toute la région sud-est de l'île.

Je rapporte au *Lineus gesserensis,* Johnst., des némertes beaucoup plus petites, d'une couleur verte très foncée, tirant sur le noir. Barrois fait observer que les caractères du *L. sanguineus* et du *L. gesserensis* sont peu différents, et il considère ces deux types comme deux variétés d'une seule et même espèce qu'il appelle le *L. obscurus,* nom donné autrefois par Desor à cette Némerte.

Deux autres némertes, que j'ai également trouvées assez abondamment à Jersey, atteignent aussi une taille assez considérable ; ce sont les *Valencia splendida,* Qf., et *longirostris,* Qf., découvertes par Quatrefages à Bréhat et à Chausey, et que Grube a retrouvées à Saint-Malo et à Roscoff. Ces deux espèces sont faciles à trouver à la Rocque où elles vivent dans la vase recouverte par les Zostères, qui forme une couche d'une épaisseur et d'une largeur assez grandes sur une partie du terrain que la mer laisse à découvert. La *V. splendida* est d'une couleur rouge orangé ; les téguments sécrètent en assez grande abondance un mucus épais qui se concrète autour du corps pour lui former une sorte de tube à reflets brillants, comme l'ont déjà remarqué les auteurs cités plus haut. La *V. longirostris,* de couleur beaucoup plus claire, ne possède pas cette propriété et se distingue facilement de l'espèce précédente par sa tête terminée en pointe. Les deux espèces vivent côte à côte et paraissent aussi communes l'une que l'autre. Leur recherche demande quelque peine, car elles sont profondément enfoncées dans la vase, où elles se creusent des galeries ; de plus, leur corps est très fragile et se casse facilement. L'on peut, cependant, en capturer plusieurs échantillons, à condition de se faire accompagner par un homme, chargé de creuser profondément à la bêche cette vase compacte où l'on recueillera d'autres vers intéressants, tels que *Phascolosoma elongatum*, Kef., et *margaritaceum*, Sars., *Marphysa sanguinea*, A. et E.

Je n'ai pas rencontré les *Valencia* ailleurs qu'à la Rocque. Ce sont des animaux terricoles, qui ne semblent pas abandonner les endroits très vaseux où les ont aussi trouvés Quatrefages et Grube.

Parmi les autres espèces que j'ai rencontrées à Jersey et que j'ai pu déterminer avec certitude, je citerai d'abord l'*Amphiporus lactifloreus*, M. Int. (*Ommatoplea rosea*, Johnst.), petite espèce d'un brun très clair, dont le corps atteint, lorsqu'il s'allonge, cinq ou six centimètres de longueur, et qui se trouve assez abondamment dans les mares, sous les pierres, cachée souvent sous des touffes d'algues. J'ai sans doute rencontré une autre espèce du même genre, l'*Amphiporus spectabilis*, Kef., car je trouve indiquée dans mes notes une petite Némerte à corps peu contractile, que j'ai trouvée une fois dans un *Ciona intestinalis ;* les téguments, de couleur brun clair, présentaient des lignes plus foncées qui les traversaient sur toute la longueur du corps, lui donnant ainsi une livrée assez analogue à celle du *Borlasia Kefersteini* de la Méditerranée.

Le *Polia filum*, Qf., se rencontre quelquefois au milieu des algues adhérentes aux pierres ou aux coquilles vides ; j'en ai trouvé quelques individus parmi les rochers de la grève d'Azette ; ils sont toujours fort petits, d'une couleur rouge, et filiformes comme l'indique le nom de l'espèce. M. Quatrefages décrit une espèce voisine de la précédente, le *P. sanguirubra*, dont elle diffère par sa coloration qui est rouge aussi, mais moins vive, et par sa tête bien distincte. J'ai rencontré, dans mes échantillons, des différences dans la coloration qui varie du rouge vif au rouge-jaune, et comme il me semble difficile de juger si la tête est plus ou moins distincte dans tel spécimen, ce qui d'ailleurs dépend de l'état de contraction de l'animal, je me demande si l'on ne doit pas réunir ces deux espèces dans une seule, d'autant plus que M. Quatrefages les a toujours trouvées associées.

J'ai encore rencontré en assez grande abondance, au milieu des algues les plus communes, le *Tetrastemma candidum*, Müller

(*Polia quadrioculata*, Qf.), et enfin j'ai recueilli quelques échantillons d'une Némerte, couleur rose clair, de quatre à cinq centimètres de longueur, que je rapporte, avec quelques doutes, au *Cerebratulus Œrstœdtii*, décrit par P. J. Van Beneden, dans son mémoire sur les Turbellariés de Belgique.

Il y aurait encore à signaler un grand nombre de RHABDOCÈLES qui vivent au milieu des algues associés à des Nématodes et à de petits Polychètes ; mais je n'avais ni le temps ni surtout les livres nécessaires pour l'étude de ces types intéressants que j'ai forcément dû laisser de côté.

Polychètes [1].

Les Annélides appartenant à ce groupe se divisent, comme on sait, en errantes et sédentaires. J'examinerai d'abord les premières.

Parmi les Aphrodisiens, je citerai d'abord l'*Aphrodita hystrix*, A. et E., dont j'ai dragué plusieurs échantillons dans la baie de Saint-Aubin. M. Sinel m'a montré quelques beaux échantillons d'*A. aculeata*, L., qu'il a trouvés dans la même localité ; je n'ai, pour ma part, jamais rencontré cette belle Annélide. Quant au genre *Polynoe*, il est représenté par le *P. cirrata*, Müll., espèce très commune qu'on rencontre sous presque toutes les pierres à la côte et par le *P. squamata*, L., beaucoup moins fréquent.

Parmi les Euniciens, je signalerai l'*Eunice Harrassii*, A. et E., dont je ne possède qu'un échantillon dragué dans la baie de Saint-Aubin ; puis les *Marphysa sanguinea*, A. et E., et *Belli*, A. et E. La première de ces espèces atteint, comme on sait, une taille très considérable. Elle vit, ainsi que j'ai déjà eu occasion de le dire, à la Roçque, dans la vase où elle s'enfonce assez profondément. Ainsi, il est assez difficile de la capturer et surtout d'en recueillir des exemplaires complets, car son corps se brise très facilement. D'ailleurs, les échantillons qu'on met dans l'alcool s'y brisent toujours en plusieurs tronçons. La *M. Belli* se trouve à la

1. M. le professeur Marion, de Marseille, a bien voulu me déterminer une grande partie de mes Annélides. Je lui suis très reconnaissant du travail qu'il s'est imposé pour moi et le prie de recevoir ici tous mes remerciements.

côte dans différentes localités. Les *Lombrinereis* sont plus communs : j'ai recueilli sous les pierres les *L. contorta*, Qf., et *humilis*, Qf.

A la nombreuse famille des Néridiens appartient la *Nephtys Hombergii*, A. et E., espèce commune sur nos côtes et qui est bien connue des pêcheurs, qui la recherchent comme amorce. MM. Audouin et Milne Edwards ont bien décrit les habitudes de cette Annélide qui s'enfonce dans le sable grâce aux mouvements de sa trompe et s'y creuse des galeries profondes. On la rencontre sur toutes les plages en compagnie des Arénicoles. Les *Nereis cultrifera*, Grube, et *Dumerilii*, A. et E., sont aussi deux espèces très communes.

A la même famille appartiennent les *Lysidice ninetta*, A. et E., *Eulalia clavigera*, A. et E., *Glycera capitata*, Œrst., *Syllis amica*, Qf., espèces en général assez fréquentes. J'ai trouvé quelques beaux échantillons de *Phyllodoce laminosa*, Sav., l'une de nos plus jolies Annélides, à la grève d'Azette. Je citerai encore une petite espèce de *Syllis*, assez commune sous les touffes de *Cynthia* et que je ne puis pas distinguer de la *S. divaricata* décrite par Keferstein.

La famille des Ariciens est représentée par l'*Aricia Cuvieri*, A. et E., peu commune, et le *Cirratulus Lamarkii*, A. et E., espèce extrêmement fréquente. Je dois signaler enfin l'*Ophelia bicornis*, Sav., espèce que je n'ai pas trouvée moi-même, mais dont il m'a été apporté un jour quatre échantillons par un pêcheur qui m'a dit les avoir recueillis à la Rocque, sans pouvoir me donner plus de renseignements.

Un spécimen de *Nereilepas lobulatus*, Qf., se trouvait avec ces Ophélies.

Parmi les Annélides sédentaires, il est à peine besoin de mentionner l'*Arenicola piscatorum*, Cuv., abondante dans le sable des grèves avec les Nephtys. Les Térébelles sont représentées par la *Terebella nebulosa*, Mont., qui peut atteindre une assez grande taille et qui se rencontre sous les pierres, surtout dans les endroits où l'eau est un peu courante, et par des *T. conchilega*, Pall., et *prudens*, Cuv., deux espèces qui vivent dans des tubes construits à l'aide de fragments de sable et de coquilles. La

T. prudens, dont le tube diffère de celui de la *T. conchilega* parce qu'il n'est formé que de grains de sable, est un peu moins commune que cette dernière. Néanmoins, ces deux espèces sont abondamment répandues partout.

Parmi les Sabelles, je citerai : la *Sabella paronina,* Sav., commune dans les prairies de Zostères ; la *S. verticillata,* Qf., qui se rencontre assez souvent au milieu des touffes de *Cynthia,* et enfin la *S. arenilega,* Qf., répandue partout et dont le tube est recouvert de grains de sable et de fragments de graviers, comme la *Terebella conchilega.*

Je mentionnerai encore : *Vermilia conigera,* Qf., et *tricuspis,* Qf., *Serpula fascicularis,* Lam., et *Spirorbis communis,* Flem., espèces assez abondantes, surtout la dernière.

Je citerai enfin, pour terminer, la *Salmacina Dysteri,* Qf., espèce qui est, comme on sait, de très petite taille, mais les tubes qui protègent les individus se réunissent en masses ramifiées assez volumineuses, donnant ainsi une sorte de polypier, ainsi que cela arrive chez une espèce voisine de la Méditerranée, la *S. ædificatrix.* L'anatomie des *Salmacina* présente des particularités intéressantes, et on a reconnu, il y a déjà longtemps, que les espèces qui appartiennent à ce genre étaient hermaphrodites.

L'échantillon de *Salmacina* que je possède m'a été donné par un pêcheur et venait du large.

J'ai en vain recherché à Jersey d'autres Annélides sédentaires, telles que les Myxicoles et les Chétoptères, qu'on trouve sur plusieurs points de nos côtes et que j'avais espéré y trouver.

Parmi les autres groupes de Vers, je dois citer les Géphyriens, dont deux espèces, les *Phascolosoma margaritanum,* Sars., et *elongatum,* Kef., sont assez communes, surtout dans les endroits vaseux.

Il y aurait lieu de dire aussi quelques mots des Bryozoaires ; mais comme il y a peu de remarques à faire sur l'habitat et les stations des différentes espèces, je me contenterai de donner plus loin la liste des espèces que j'ai rencontrées.

Quant aux Brachiopodes, je rappellerai que M. Duprey a trouvé à la côte une petite espèce d'Argiope, l'*A. capsula,* sous des cailloux enfoncés dans la grève jusqu'à huit et dix pouces de profondeur, et où ils se trouvaient associés aux *Chiton scabriculus*, *Adeorbis subcarinatus*, etc.

Ascidies [1].

On rencontre, dans presque toute l'étendue du banc de Violet, fixés sous les pierres, de nombreux échantillons de *Ciona intestinalis*, L., espèce abondamment répandue sur toutes nos côtes et qui possède, comme on sait, une aire de répartition assez vaste. Les échantillons de cette Ascidie m'ont paru de taille plus petite que ceux que je connais de Marseille. A côté de la forme type de *C. intestinalis*, j'ai rencontré les deux variétés *canina* et *fascicularis*. On trouve fréquemment associée à ces formes, l'*Ascidia mentula*, Müller, dont les échantillons sont aussi, en général, d'assez petite taille. Les *Ascidiella aspersa*, Müller, et *scabra*, Müller, se rencontrent aussi à la grève, mais plus rarement.

Une espèce extrêmement abondante est la *Cynthia rustica*, Müller, qui recouvre la face inférieure de certains rochers sur lesquels on trouve l'*Halichondria panicea*, éponge excessivement commune. J'ai recueilli aussi, dans les mêmes localités, l'*Ascidia producta*, Hanck. Le genre *Cynthia* est encore représenté à Jersey par les *C. granulata*, Alder, et *sulcatula*, Alder, dont j'ai dragué quelques échantillons dans la baie de Saint-Aubin.

Une autre espèce d'Ascidie simple, que j'ai trouvée en très grande abondance dans certaines stations, est la *Molgule*, célèbre par les beaux travaux de M. de Lacaze-Duthiers, qui l'a appelée *Anurella roscovita*. Cette Molgule a été trouvée par lui sur les côtes de France, à l'île d'Ago, près de Saint-Malo, à Portrieux, et en divers points de la plage de Roscoff. Je l'ai trouvée à Jersey dans les mêmes stations que celles qui sont indiquées par le savant professeur de la Sorbonne, c'est-à-dire sur des plages couvertes de sable fin, qui ne découvrent jamais complètement à mer basse, au château Élisabeth et à la Rocque. L'*Anurella roscovita* est très

1. La plupart de mes échantillons d'Ascidies simples ont été déterminés par mon excellent ami Roule, de Marseille, dont les importants travaux sur les Ascidies sont bien connus des naturalistes.

répandue sur ces plages et j'en ai recueilli de nombreux échantillons ; les pêcheurs de Jersey la connaissent fort bien, mais ils ne soupçonnaient point que ces *œufs de sable* fussent des êtres organisés. La Molgule, en effet, a sa tunique toute couverte de grains de sable et de débris de coquilles qui lui donnent un aspect bien reconnaissable pour le zoologiste, mais font que la nature du corps qu'ils recouvrent est facilement méconnue par les personnes qui ne sont pas prévenues.

Les fragments de coquilles qui recouvraient mes échantillons provenant du château Élisabeth ont été déterminés par M. Dupuy et appartiennent aux espèces suivantes: *Rissoa labiosa, costulata, striata, parva ; Cerithium reticulatum ; Trochus striatus, cincrarius, umbilicatus ; Littorina obtusata, Dentalium tarentinum, Astarte triangularis, Phasianella pulla, Purpura lapillus, Nassa reticulata*, etc...

J'ai enfin recueilli plusieurs échantillons d'une petite Ascidie qui vit fixée sur les fucus et doit probablement être rapportée au *Ctenicella Lanceplaini*, Lac.-Duth.

Les Ascidies sociales, qui établissent un passage entre les Ascidies composées, sont représentées par de nombreuses *Clavelina lepadiformis*, Wiegm., fixées à la face inférieure des rochers, et des *Perophora Listeri*, Müll., très communs sur les algues ; ces deux formes sont abondantes sur toutes nos côtes.

Les Ascidies composées sont plus répandues et appartiennent à des espèces plus variées que les Ascidies simples : ce sont d'ailleurs des formes assez communes sur tous les points du littoral de la Manche et de l'Atlantique, et en comparant la liste des espèces que j'ai rencontrées à celles que donnent Giard et Grube pour Saint-Malo et pour Roscoff, on pourra voir que la faune de Jersey présente, sous ce rapport, beaucoup d'analogie avec celle de ces deux dernières localités.

Je citerai d'abord les Polyclinés et les Didemnides. Aux premiers appartiennent l'*Aplidium zostericola*, Giard, qui habite, comme son nom l'indique, les Zostères, sur lesquels on le trouve en très grande abondance, puis les Amarouques, dont quelques espèces sont très communes (*A. Nordmanni*, Edw., *proliferum*, Edw., et *albicans*, Edw.). On trouve très fréquemment ces espèces associées au *Fragarium elegans*, Giard, fixé à la face inférieure des rochers à côté de l'*A. Nordmanni*. Les cormus volumineux de ces deux espèces ont à peu près la même livrée, mais les premiers, outre des caractères internes, se distinguent par leur coloration plus vive. Enfin, je signalerai une Ascidie pour laquelle M. Giard a créé le genre *Morchellium* (*M. Argus*, Edw.), dont le nom rappelle la forme en massue semblable à une morille, et qu'on rencontre à la face inférieure des rochers.

Les *Didemnum* sont représentés par une espèce très répandue formant de petits cormus de couleur variable, tirant généralement sur le jaune clair ou le gris, qu'on rencontre communément sur les tiges de Sargasses et que je rapporte au *D. sargassicola* de Giard ; les échantillons correspondent sans doute à la forme type et à la variété *griseum*. Le genre voisin *Leptoclinum* est extrêmement répandu : il comprend d'abord le *L. maculosum*, espèce très abondante, formant des cormus violacés très étendus, qui se rencontrent de préférence à la base des tiges de Laminaires ; on lui trouve associé le *L. asperum*, Edw., fixé sur les algues de toute nature ; ses cormus, d'un blanc pur, se reconnaissent facilement et c'est peut-être l'espèce la plus répandue à Jersey. Les *L. durum*, Edw., et *fulgidum*, Edw., préfèrent la face inférieure des rochers que leurs cormus, coriaces et faciles à détacher, recouvrent quelquefois de lames très étendues, dont la consistance est très différente de celle du *L. gelatinosum*, Edw., qui vit dans des stations analogues.

Les Botryllides nous offrent d'abord le genre *Botrylloides*, dont deux espèces, les *B. rotifera*, Edw., et *rubrum*, Edw., sont communes sur les algues. Comme le fait remarquer Giard, le mot *rubrum* ne doit pas être pris au pied de la lettre, en raison des nombreuses variations que cette espèce présente dans sa coloration. Quant au genre *Botryllus*, j'en ai recueilli de nombreux échantillons, soit sur les rochers, soit sur les algues, et surtout dans les endroits où la mer, en se retirant, crée des ruisseaux à courant rapide, comme j'ai eu l'occasion d'en indiquer un derrière Samarès. Outre quelques types qui, par leur coloration, ne se rapportent à aucune espèce décrite par Giard, j'ai rencontré : *Botryllus Schlosseri*, Sav. (de préférence la variété *Adonis,* Giard), *pruinosus,* Giard, *smaragdus,* Edw., *violaceus,* Edw. (nombreuses variétés), *aurolineatus,* Giard, *rubigo,* Giard, et *morio,* Giard; ces deux dernières espèces (le *morio* avec la variété *capucinus*) dans le ruisseau derrière Samarès.

ARTHROPODES.

Crustacés.

La classe des Crustacés est représentée à Jersey par de nombreux individus appartenant à des espèces variées. C'est des Crustacés, qui m'intéressaient à différents points de vue, que je me suis particulièrement occupé pendant mon séjour aux îles Anglo-normandes. Je ne parlerai ici que des Décapodes, des Isopodes et des Amphipodes, auxquels je me suis attaché de préférence. Le nombre des espèces que j'ai rencontrées s'élève à 126; il est à remarquer que c'est à peu près le chiffre indiqué par Delage dans la liste qu'il donne des Crustacés de Roscoff, et qui est de 119.

Décapodes.

Le *Stenorhynchus phalangium,* Edw., et le *St. tenuirostris,* Bell, de plus petite taille, se trouvent très communément sous les rochers. Une troisième espèce, beaucoup plus intéressante et qui n'a été trouvée jusqu'ici, à ma connaissance du moins, que dans la Méditerranée (Égypte, Sicile, Algérie), est le *St. ægyptus,* Edw., dont l'existence m'a été indiquée par Sinel. Cette espèce est caractérisée par la forme de son corps qui est plus allongé que chez les autres Sténorhynques, et par la longueur du rostre qui atteint presque l'extrémité du pédoncule des antennes externes[1]; elle ne se trouve qu'autour d'un petit rocher, situé près de l'entrée du port de Saint-Hélier, du côté de la jetée Albert,

1. Le rostre est beaucoup plus court chez le *St. phalangium* et plus long chez le *St. tenuirostris.*

rocher qui ne découvre qu'aux grandes marées. Le *St. ægyptus* n'y est pas d'ailleurs très abondant.

Un type voisin de Sténorhynques, l'*Acheus Cranchii*, Leach, qui se rencontre fréquemment au Hâvre-des-Pas, à la Crabière, est considéré avec raison comme un crustacé fort rare. A l'époque où Bell écrivait son livre, il n'en existait en Angleterre que deux échantillons : l'un, au British Museum, dragué par Cranch dans la baie de Falmouth ; le deuxième à Dublin. Milne Edwards le signale à l'embouchure de la Rance ; on le trouve aussi dans la Méditerranée.

La figure que donne Bell se rapporte à un individu femelle. Le mâle est un peu plus petit et plus étroit que la femelle ; vu d'en haut, son corps a une forme triangulaire, tandis qu'il est arrondi chez la femelle. Les pattes sont aussi plus grandes ; les pattes de la première paire sont plus fortes et plus trapues, et les bords des pinces qui les terminent sont garnis de dents assez développées chez le mâle, tandis qu'elles ne présentent chez la femelle que de fines denticulations. Enfin, les tubérosités de la carapace sont plus développées chez les mâles.

Les trois espèces d'*Inachus* décrites par Bell se trouvent à Jersey ; l'*I. dorsettensis*, Leach, et l'*I. dorynchus*, Leach, se rencontrent en divers points de la côte méridionale, mais jamais en grande abondance ; le premier est un peu plus commun que le second. Quant à l'*I. leptochirus*, Leach, je ne l'ai jamais rencontré, mais il a été dragué plusieurs fois dans la baie de Saint-Aubin. Bell le donne comme une espèce très rare, qui n'a été capturée qu'en quatre ou cinq points de la côte occidentale d'Angleterre. L'*I. dorynchus* a la carapace presque toujours couverte par des algues et par une éponge orangée qui en tapissent la face dorsale et s'étendent jusque sur les pattes ; cette éponge est sans doute un *Desidea.*

Le genre *Pisa* comprend des *Pisa tetraodon*, Leach, communs partout, plus répandus que les *P. Gibsii*, Leach, dont la carapace porte aussi de fines villosités, auxquelles s'attachent des algues, des bryozoaires et des éponges. Le genre *Hyas*, voisin du précédent, est beaucoup moins fréquent et ne se trouve que dans les produits des dragages ; on le trouve par une profondeur de dix à vingt mètres devant Gorey ; l'*H. coarctatus,* Leach, est moins rare que l'*H. araneus,* Leach. Il en est de même de l'*Euronyme aspera,* Leach, élégant petit Crustacé, qui n'abandonne jamais une certaine profondeur. Bell le considère encore comme très rare, et il n'en connaît que quelques stations sur les côtes occidentales d'Angleterre. Sans être commun, il se laisse assez souvent capturer à Jersey, à la drague bien entendu, dans la baie de Saint-Aubin.

Les *Xantho,* qui sont généralement assez communs sur les côtes de France et d'Angleterre, ne sont pas très fréquents à Jersey. Le *X. florida,* Leach, se trouve quelquefois à la grève d'Azette et à la Rocque, mais le *X. rivulosa,* Edw., qui lui est parfois associé, est beaucoup plus rare. Le *X. florida* paraît plus fréquent à Guernesey.

Je ne fais que citer les espèces suivantes, répandues à profusion partout : *Pilumnus hirtellus,* Leach ; *Cancer pagurus,* Bell ; *Portunus puber,* Leach, *pusillus,* Leach, *armatus,* Leach ; *Carcinus mænas,* Leach ; *Pinnotheres pisum,* Latr., moins répandu qu'ailleurs, car les moules, dans l'intérieur desquelles il vit, sont rares à Jersey. D'autres espèces de *Portunus* sont moins fréquentes, telles que : *P. corrugatus,* Leach, et *depurator,* Leach, qu'on trouve quelquefois associés aux précédents derrière la Mothe et à la Rocque ; une autre espèce, remarquable par sa coloration, le *P. marmoreus*[1], Leach, a été trouvée deux ou trois fois par M. Sinel ; je ne l'ai jamais rencontrée.

Les *Portunus holsatus,* Fabr., et *Portumnus variegatus,* Leach, ne se trouvent qu'à la drague ; le premier est assez commun et je l'ai trouvé dans la baie de Saint-Aubin, mais le deuxième est rare et je ne l'ai pas capturé. Il est aussi très rare sur les côtes d'Angleterre.

Je citerai encore le *Pirimela denticulata,* Leach, joli petit Crustacé, dont j'ai recueilli quelques échantillons à mer basse,

1. Il est à remarquer que les marbrures caractéristiques auxquelles cette espèce doit son nom ne se montrent pas chez les jeunes individus, lesquels ressemblent aux *P. holsatus* ou *depurator.* Le *P. marmoreus* ressemble d'ailleurs beaucoup au premier et les faibles différences qui l'en séparent justifient à peine la création d'une espèce distincte.

au fort Élisabeth, et à la drague dans la baie de Saint-Aubin; les *Ebalia Bryerii*, Leach, et *Pennantii*, Leach, qui ne se rencontrent qu'à la drague dans la même baie; le *Dromia vulgaris*, Edw., espèce qui ne vit pas à la côte, mais que les pêcheurs ramènent souvent dans les paniers (trappes) qu'ils emploient dans la pêche du Homard et de la Langouste, et dans lesquels on peut aussi recueillir des *Inachus*, des *Stenorhynchus*, quelques *Portunus corrugatus*, etc. Certains échantillons de *Dromia* atteignent une taille très remarquable. M. Sinel en possède qui ont presque le volume de deux poings.

Je signalerai, pour terminer cette énumération des Macroures, les *Porcellana platycheles*, Lam., et *longirostris*, Edw., répandus partout; le *Corystes cassivelaunus*, Penn., qui vit enfoncé dans le sable un peu vaseux et qu'on trouve abondamment au château Élisabeth où il se creuse des galeries à côté des *Solen*, et que les pêcheurs trouvent souvent en cherchant ces mollusques; enfin le *Thia polita*, Leach, qui s'enfonce également dans le sable, et qui est assez commun à la Rocque. Cette espèce était considérée comme très rare en Angleterre par Bell; Grube l'a en vain cherchée à Saint-Malo, mais Delage l'a trouvée à Roscoff.

Parmi les Brachyures, j'indiquerai d'abord, pour continuer l'énumération des espèces qui se creusent des galeries dans le sable, les *Gebia deltura*, Leach, *Callianassa subterranea*, Leach, et *Axius stirhynchus*, Leach. Je les ai trouvés tous trois à la Rocque, dans le sable vaseux, où ils s'enfoncent à plusieurs décimètres de profondeur en se creusant des galeries quelquefois très étendues. Le *Gebia* est moins commun que les deux autres. L'*Axius* se rencontre aussi à la grève d'Azette; parfois, il abandonne sa galerie et on le trouve sous les pierres. Ces Crustacés ont tous les pattes de la première paire, qui leur servent à fouir la terre, très développées. Le type des Crustacés fouisseurs est évidemment le *Callianassa*, chez lequel l'une de ces pattes est constamment de très grande taille, tandis que l'autre est rudimentaire; de plus, ses téguments sont d'une très grande mollesse, car ils ne sont que fort peu incrustés de calcaire.

Je ne citerai que pour mémoire le *Pagurus Bernardus*, Fabr., espèce banale, toujours cachée dans une coquille couverte d'*Hy-*

dractinia echinata sur laquelle sont souvent fixées des *Sagartia parasitica*. D'autres espèces du même genre, *P. cuanensis*, Thomps., et *P. Hyndmanni,* Thomps., ainsi que l'*Eupagurus Prideauxii*, Leach, se prennent fréquemment dans la baie de Saint-Aubin, mais toujours à la drague.

Les *Palinurus* et surtout les *Homarus* sont abondants, mais la pêche n'en est pas très active. Le genre *Galathœa* comprend les *G. squamosa,* Leach, espèce très commune, et *G. strigosa,* Fabr., qui atteint une très grande taille et dont j'ai recueilli plusieurs beaux échantillons à la Rocque. J'ai trouvé une troisième espèce de taille beaucoup plus réduite en draguant dans la baie de Saint-Aubin ; cette espèce n'est peut-être autre que la *G. nexa,* décrite par Bell d'après Embleton et Thompson, mais elle présente des caractères particuliers qui la distinguent nettement de cette dernière espèce et que j'ai facilement reconnus en comparant mes échantillons à une *G. nexa* qui m'a été obligeamment envoyée par M. le Prof. Marion. La taille, d'abord, est très petite dans mes échantillons qui n'ont pas plus d'un centimètre et demi de longueur, l'abdomen étalé ; M. Sinel m'a affirmé n'en avoir jamais trouvé de plus grandes. Si la forme et les dimensions relatives des articles qui constituent les pédipalpes de mes échantillons les rapprochent de la *G. nexa,* ils s'en éloignent en revanche par des caractères importants qui portent sur la forme des antennes et des pattes ravisseuses. Le flagellum des grandes antennes est en effet très développé dans les types de Jersey et elles dépassent la longueur du corps ; de plus, les pinces que portent les pattes ravisseuses ne sont pas plus larges que les autres articles de ces pattes et les doigts qui les terminent sont relativement beaucoup plus longs que dans la *G. nexa ;* enfin les pinces ne portent pas les poils serrés caractéristiques de cette dernière espèce. Ce n'est donc qu'avec certains doutes que je rapporte ces échantillons à la *Galathœa nexa.*

Le *Scyllarus arctus,* Rœm., commun à Guernesey, n'existe pas à Jersey.

Le groupe des Salicoques est largement représenté par des *Palæmon squilla,* Fabr., et *serratus,* Fabr., des *Crangon vulgaris,* Fabr., et *fasciatus,* Risso, répandus dans les flaques d'eau ;

le dernier est moins commun. Les *Nika edulis*, Risso, sont plus rares et ne se prennent guère que la nuit ; le *Pandalus annulicornis*, Leach, n'abandonne pas la profondeur et peut être recueilli à la drague. L'*Athanas nitescens*, Leach, est commun sous les rochers tout le long de la côte de l'île ; l'*Hippolyte varians*, Leach, abonde dans toutes les prairies de Zostères et il est aussi pélagique. L'*Hippolyte Cranchii*, Leach, est moins répandu ; j'en ai recueilli quelques échantillons en draguant dans la baie de Saint-Aubin. J'ai trouvé avec lui une troisième espèce, qui n'est pas décrite par Bell et qui est voisine de l'*H. spinus*. Ces échantillons se rapprochent de l'*H. spinus* par la forme des anneaux de l'abdomen qui est fortement bombé et dont le troisième anneau porte une dent dirigée en arrière ; mais elle en diffère par son rostre qui naît du front et ne porte sur son bord supérieur, près de son point d'insertion, que trois petites dents.

Je dois enfin citer, pour terminer l'histoire des Brachyures, un Crustacé qui vient d'être rencontré par M. Sinel, le *Lysmata seticaudata*, Risso, espèce considérée comme propre à la Méditerranée. M. Sinel en a rencontré cet hiver un échantillon dans ces trappes dont je parlais plus haut et qu'emploient les pêcheurs de Jersey pour capturer les homards.

Le groupe des Schizopodes est représenté par de nombreux *Mysis chamæleon*, Thomps., espèce extrêmement abondante dans les herbiers et des *M. vulgaris*, Thomps. Cette dernière espèce est assez rare et accompagne quelquefois la première dans les Zostères ; mais j'en ai surtout recueilli plusieurs échantillons dans les produits d'une pêche pélagique, que je fis un soir entre le port de Saint-Hélier et le château Élisabeth. Les *Temisto brevispinosus*, Goods., sont quelquefois associés dans les herbiers aux *Mysis*, mais ne sont pas très communs. M. Sinel a aussi recueilli, avec les espèces précédentes, quelques rares échantillons de *Cynthia Flemmingii*, Goods., et de *Thysanopoda Couchii*, Bell, espèces que, pour ma part, je n'ai jamais rencontrées.

Quant aux Stomatopodes, ils ne sont représentés que par des *Squilla Desmarestii*, Risso, que les pêcheurs ramènent quelquefois du large.

Isopodes.

Les Tanaïdiens, qui ont évidemment plus d'affinités avec les Isopodes qu'avec les Amphipodes, parmi lesquels on les range quelquefois, paraissent assez mal représentés à Jersey. J'ai toutefois rencontré assez fréquemment les : *Tanais vittatus,* Lilljb., *Leptochelia Edwardsii,* Kröyer, et *Paratanais forcipatus,* Lilljb., qui vivent au milieu des *Pachymatisma* et des *Cynthia* qui tapissent la surface des rochers, parmi lesquels se rencontre également l'*Anceus maxillaris,* Mont., dont la femelle, considérée pendant longtemps comme formant un genre à part, était jadis appelée *Praniza cærulea,* Mont.

Quelques autres espèces sont associées aux précédentes, mais sont beaucoup moins fréquentes ; telles sont les *Paranthura Costana,* Sp. Bate (que j'ai trouvé plus abondant à Guernesey dans des stations analogues) et *Apseudes talpa,* Leach.

Quant aux vrais Isopodes, ils sont plus répandus et j'étudierai d'abord les types errants.

Au groupe des *Idothés* appartiennent : l'*Idothea tricuspidata,* Desm., très commune au milieu des Algues et quelquefois pélagique ; l'*I. linearis,* Lin., assez répandue, ordinairement associée à la précédente, mais en certains points beaucoup plus fréquente qu'elle, à Saint-Aubin, par exemple, aux environs du château ; l'*I. acuminata,* Leach, dont j'ai trouvé un échantillon à Saint-Aubin ; l'*I. appendiculata,* Risso, peu répandue, que j'ai rencontrée à la Mothe, et enfin l'*I. emarginata,* Fab., qui est toujours pélagique et vit au milieu de goëmons flottants.

Je ferai remarquer, chose que j'ai déjà observée sur des spécimens provenant de Marseille, que dans les *I. emarginata* que je possède, le dernier anneau est beaucoup moins échancré que dans la figure de Sp. Bate et Westwood ; quelquefois même le bord postérieur est tout à fait droit, et sa forme est à peu près la même que dans l'*I. peloponesiaca,* Roux. Dans cette même figure de Sp. Bate, le deuxième anneau porte des granulations que je ne retrouve pas sur mes échantillons. J'ai recueilli à la pêche pélagique plusieurs Idothés que je ne puis rapprocher que de l'*I.*

tricuspidata, mais qui, par la forme de leur corps à bords parallèles, à anneaux très écartés les uns des autres et à pièces épimériennes assez petites, rappellent l'*I. pelagica*, dont elles s'éloignent d'ailleurs par la longueur des antennes, lesquelles sont même plus longues que dans les échantillons types d'*I. tricuspidata*. Du reste, les caractères différentiels des *I. pelagica* et *tricuspidata* sont d'assez faible valeur, et il serait peut-être préférable de réunir ces deux espèces en une seule, comme le fait Miers dans sa *Revision of Idotheidæ*. J'ajouterai aussi que la plupart de mes échantillons d'*I. tricuspidata* n'ont pas les antennes aussi longues qu'on l'indique généralement, car elles n'atteignent guère que le quart de la longueur totale de l'animal [1].

Parmi les *Oniscides*, le type le plus commun est la *Ligia oceanica*, Fabr., qui vit sur les rochers de la côte. Presque tous les individus que j'ai recueillis étaient de très petite taille, car ils atteignaient rarement un centimètre et demi de longueur et offraient une couleur grise. J'ai trouvé aussi des individus de grande taille, d'une couleur brune foncée, analogues à ceux qu'on rencontre partout, mais je n'ai pas trouvé de formes intermédiaires entre ceux-ci et les premiers qui sont beaucoup plus nombreux et ne diffèrent d'ailleurs que par leur taille plus petite. Il n'y a pas lieu évidemment de voir dans cette forme une variété distincte.

A ce même groupe appartient la *Janira maculosa*, Leach, commune sous les pierres. J'ai rencontré aussi des *Janira* vivant au milieu des Éponges et sous les touffes de *Cynthia rustica*, de dimensions plus réduites et dont les antennes inférieures sont relativement beaucoup plus courtes que chez les *J. maculosa* types. Delage a indiqué également une *Janira* à antennes inférieures

1. L'*I. tricuspidata* est intéressante par les changements de coloration qu'elle présente et qui sont bien connus des naturalistes. Sans parler des différences dans la disposition des couleurs brune, noire, grise et blanche des téguments, qui modifient la livrée des échantillons pris dans une même station — différences qui s'observent aussi chez l'*I. linearis* —, on sait que cette espèce prend une coloration générale en harmonie avec le fond qu'elle habite et qu'elle est susceptible de devenir brune, grise ou tout à fait verte, suivant qu'elle se trouve au milieu des Algues ou dans les Zostères. P. Mayer et Matzdorff ont publié sur ce sujet des notices intéressantes.

très courtes, provenant de Roscoff. Je ne crois pas qu'on doive attribuer quelque importance à ce caractère, car, parmi ces *Janira* de petite taille, je trouve des échantillons dont les antennes atteignent à peine la moitié de la longueur totale, tandis que d'autres les ont presque aussi longues que le corps.

On range aussi parmi les Oniscides le *Limnoria lignorum*, Ratke, petit Isopode à mœurs intéressantes et qu'on trouve dans les morceaux de bois flottants, où il se creuse des galeries ; j'en ai recueilli à Jersey plusieurs échantillons associés à un Amphipode aussi xylophage, le *Chelura terebrans*[1], Philip., et à quelques *Tanais vittatus* qui se trouvent par hasard dans ces bois.

Ces Crustacés, creusant leurs galeries dans des bois submergés, ont quelquefois occasionné des dégâts très sérieux en perforant, dans tous les sens, des poutres qui supportent certains ouvrages dans les ports et qui sont ainsi rapidement mises hors d'usage. Les ravages causés par eux ont été surtout signalés en Angleterre, où les habitudes du *gribble* sont bien connues, mais je ne sache pas qu'en France, où cependant ils ont été rencontrés, ils aient jamais occasionné des dégâts. Le *Chelura terebrans* paraît encore plus destructeur que le *Limnoria*, mais, d'après Sp. Bate, il se reproduit plus lentement.

M. Milne Edwards donne d'intéressants détails sur les habitudes du *Limnoria :* « Au phare de Bell-Roch, la charpente provisoire fut, dans l'espace d'une seule saison, criblée de trous produits par les Limnories, et de grosses poutres de dix pouces d'équarrissage, employées dans la même localité pour soutenir un chemin de fer provisoire, furent, dans l'espace de trois ans, réduites à sept pouces par les ravages de ces mêmes animaux.... Les trous que perce le *Limnoria* ont ordinairement un vingtième à un quinzième de pouce anglais en diamètre et près de deux pouces de profon-

1. Le *Limnoria lignorum* est connu depuis longtemps et a déjà été figuré par Ratke. Le *Chelura terebrans* a été découvert plus tard et fut décrit et figuré par Philippi Allmann, Sp. Bate. En 1868, M. Hesse, croyant le découvrir, le décrivit de nouveau et, le considérant comme une deuxième espèce de *Limnoria,* l'appela *L. terebrans !* On s'explique difficilement une semblable erreur de la part de M. Hesse qui passe à juste titre pour un des naturalistes qui connaissent le mieux les Crustacés inférieurs, car le *Chelura* diffère beaucoup des *Limnoria ;* d'ailleurs, l'un est un Isopode et l'autre un Amphipode.

deur ; ces galeries sont cylindriques, parfaitement lisses en dedans et en général tortueuses... Les bois les plus durs ne sont pas à l'abri de ses attaques, mais cependant il détruit de préférence les couches les plus tendres. » Sp. Bate et Westwood disent aussi que le *gribble* attaque les parties les plus tendres du bois et ne creuse pas de galeries dans les nœuds ; qu'il évite aussi les parties imprégnées de fer et s'écarte toujours de plusieurs pouces du point où sont enfoncés les clous ou les boulons. Enfin, Semper nous apprend que le *Limnoria* peut attaquer des corps plus durs que le bois et serait capable de creuser des galeries jusque dans des pierres ; il donne une figure d'un morceau de calcaire provenant des côtes d'Irlande et perforé de nombreuses galeries où se trouvaient des *Limnoria*.

Le *Limnoria lignorum* et le *Chelura terebrans* paraissent avoir une aire de répartition assez étendue. Ils ont été observés, comme on l'a vu, dans un grand nombre de points en Angleterre. Je les ai trouvés à Marseille, où M. Marion, qui les a aussi recueillis à Alger, les avait déjà rencontrés. Ils ont aussi été vus à Trieste et récemment, Sydney Smith les a signalés sur les côtes des États-Unis.

La famille des *Sphéromiens* est représentée à Jersey par des *Spheroma serratum*, Fab., qui vivent sous les pierres, et des *S. prideauxianum*, Leach, plus communs et qu'on trouve fréquemment au milieu des Algues, des Éponges... ; par des *Cymodoce pilosa*, Leach, toujours peu fréquents et associés aux Sphéromes ; des *Dynamene viridis*, Leach, et *Montagui*, Leach, et des *Nesea bidentata*, Leach [1], répandus un peu partout, très fréquents dans les

1. On peut remarquer que je conserve chez les Sphéromiens les anciens noms de genre et que je n'admets pas la réforme proposée par M. Hesse dans son *Mémoire sur la famille des Sphéromiens*. Ce savant a considéré les *Spheroma* et les *Cymodoce* d'une part, et les *Nesea* et les *Dynamene* d'une autre, comme devant former seulement deux genres renfermant des mâles et des femelles dimorphes. Pour lui, le genre *Cymodoce* devrait comprendre à la fois les *Cymodoce*, qui seraient les mâles, et les *Spheroma*, qui seraient les femelles, de même que dans le genre *Nesea* rentreraient à la fois les *Nesea* (mâles) et les *Dynamene* (femelles). M. Hesse fonde sa manière de voir sur les considérations suivantes : que les *Spheroma* sont toujours associés aux *Cymodoce* et les *Dynamene* aux *Nesea* ; qu'il n'a jamais vu de *Cymodoce* ou de *Nesea* portant des œufs, tandis que les *Dynamene* et les *Spheroma* en ont fréquemment, et qu'enfin les *Spheroma* sont toujours beaucoup plus

coques de Balanes vides. Les espèces de ces deux derniers genres paraissent s'adapter avec facilité à des milieux différents ; ils se trouvent soit dans des graviers toujours humides, soit sur des rochers qui découvrent à toutes les marées, et enfin j'en ai recueilli des échantillons dans des pêches pélagiques à l'entrée du port.

Enfin, pour terminer cette énumération des Isopodes errants, il me reste à signaler les *Cirolana Cranchii*, Leach., et *Conilera cylindracea*, Mont., deux espèces qui ne se trouvent pas à la côte, mais que les pêcheurs ramènent quelquefois du large attachées à leurs engins.

Mes échantillons de *Conilera* ne sont pas tout à fait conformes à la description de Sp. Bate et Westwood et me paraissent identiques à ceux qui ont été signalés par Delage, à Roscoff, lesquels diffèrent des spécimens anglais « par les antennes, par les appendices natatoires du sixième anneau abdominal et par des ponctuations rouges dont les auteurs anglais spécifient l'absence ». J'ai comparé mes échantillons à des *C. cylindracea* provenant de la baie de Naples et dont les caractères s'accordent absolument avec la description de Bate et Westwood, et voici ce que j'ai remarqué. Les différences offertes par les appendices du sixième anneau abdominal, quoique sensibles, sont trop peu accentuées pour pouvoir être décrites, mais demanderaient à être indiquées par un dessin. (Je ferai remarquer à cet égard que la figure du *C. cylin-*

fréquents que les *Cymodoce*. Tous ces faits ne constituent que des présomptions en faveur de la thèse de M. Hesse, mais pas des arguments irréfutables. Il ajoute que, pour être certain de ce qu'il avance, il aurait voulu élever de jeunes Sphéromes jusqu'à l'âge adulte pour voir s'ils deviendraient indifféremment *Spheroma* ou *Cymodoce* : expérience qui n'a pu être poussée assez loin. Il y avait un moyen plus simple et plus sûr de s'assurer si les *Spheroma* étaient femelles des *Cymodoce*, c'était d'en disséquer quelques-uns et de se convaincre, par l'étude des organes génitaux que les *Spheroma* étaient toujours femelles, recherche que M. Hesse a négligé de faire. Or, il est très facile de reconnaître que, parmi les individus de *Sph. serratum*, on trouve à la fois des femelles et des mâles dont les tubes testiculaires renferment des spermatozoïdes. Cette remarque coupe court à toute discussion. Quant aux *Nesea* et aux *Dynamene*, il ne m'a pas été possible de tenter sur eux les mêmes recherches : quand j'ai voulu le faire, je n'avais que des échantillons conservés dans l'alcool dont je ne pouvais songer à étudier les organes internes. Je ne puis donc ni confirmer, ni infirmer les théories de M. Hesse sur la parenté de ces deux genres, mais ce que je peux affirmer, c'est que le *Spheroma* et le *Cymodoce* constituent bien deux genres distincts, comme on l'a admis de tout temps.

dracea dans l'ouvrage anglais est tout à fait insuffisante, en particulier pour la représentation de ce sixième anneau et de ses appendices.) Cependant, il est un caractère qui me paraît assez constant : c'est que le dernier anneau est plus long et moins aigu dans les échantillons de Jersey que dans ceux de Naples ; de même, l'article basilaire des uropodes de cet anneau est un peu plus fort et les deux lames qu'il porte, un peu plus longues dans les spécimens de Jersey. La deuxième différence est offerte par les antennes : le quatrième article des antennes inférieures porte quelques poils groupés en un faisceau s'insérant près du bord articulaire, et qui sont très longs et raides dans les échantillons de Jersey, plus courts dans les autres. Enfin, les téguments présentent de nombreuses petites taches rouges. Ces différences sont constantes et font que les échantillons de Jersey ne se laissent pas confondre avec leurs congénères de Naples ; cependant, elles ne sont pas assez importantes pour nécessiter la création d'une deuxième espèce, tout au plus pourrait-on faire une variété, *C. cylindracea*, var. *punctata*.

Parmi les *Isopodes parasites*, je ne puis citer que le *Bopyrus squillarum*, Latr., parasite des crevettes. Il est certain que si l'on s'adonnait à la recherche de ces Isopodes, on trouverait les *Phryxus Galathœæ*, Sp. Bate (parasite du *Galathœa squamosa*), et *paguri*, Sp. Bate (*Pagurus bernhardus*), *Gyge Galathœæ*, Sp. Bate (*Galathœa*), *Ione thoracica*, Mont. (*Calianassa*), recherches que je n'ai pas eu l'occasion de faire.

Il est assez curieux que les *Cymothoadiens* ne se rencontrent pas en Angleterre, où l'on ne trouve même pas l'Anilocre, si commun sur les côtes de France, et Bate et Westwood dans leur ouvrage n'ont pas lieu d'en parler. Depuis la publication de leur livre, on a signalé l'Anilocre à Guernesey, et j'en ai trouvé fréquemment à Jersey des échantillons fixés sur diverses espèces de Labres (*Anilocra mediterranea*, Leach).

Amphipodes.

A Jersey comme partout ailleurs, les Crustacés appartenant à ce groupe sont beaucoup plus nombreux que les Isopodes.

Le groupe des Orchestiides m'a offert le *Talitrus locusta,* Latr., commun sur toutes les grèves de sable ; les *Orchestia mediterranea,* Costa, qui vit sous les pierres, et *O. littorea,* Leach, fréquente au milieu des algues. Tous ces Amphipodes sauteurs sont communs. Un type voisin, le *Nicea Lubbockiana,* Sp. B., se rencontre assez fréquemment sous les *Cynthia.*

La nombreuse famille des Gammarides comprend d'abord des *Montagua,* dont deux espèces vivent à Jersey, les *M. monoculodes,* Sp. B., et *M. marina,* Sp. B., ce dernier assez rare ; ils vivent en général sous les touffes de *Cynthia rustica* et d'éponges qui tapissent les rochers. On trouve beaucoup plus fréquemment dans les mêmes stations l'*Anonyx Edwardsii,* Kröyer : je range sous le même nom des individus présentant d'assez grandes différences dans la forme et la longueur des antennes, différences portant surtout sur les antennes supérieures qui sont tantôt plus courtes, tantôt aussi longues que les antennes inférieures ; le flagellum présente aussi des variations analogues.

A la famille des Atyliens appartiennent le *Dexamine spinosa,* Leach, espèce commune sous les pierres, dans les herbiers ; je remarque que, chez les petits individus, la dent caractéristique offerte par le premier article des antennes, n'existe généralement pas ; les *Atylus Swammerdamii,* Sp. B., et *bispinosus,* Sp. B., les *Pherusa bicuspis,* Edw., et *fucicola,* Leach, et l'*Iphimedia obesa,* Ratke, sont des espèces assez communes dans les herbiers, sauf les *A. bispinosus* et *Ph. bicuspis* qui sont plus rares.

La famille des Leucothoïnes est assez bien représentée par le *Leucothoe articulosa,* Leach, associé, dans les herbiers, aux espèces précédentes. L'*Aora gracilis,* Sp. B., trouve ainsi sa place ici. Je n'en possède qu'un seul échantillon provenant de Jersey, que j'ai trouvé au milieu des *Cynthia.* J'ai retrouvé, dans les grottes du Gouliot à Sark, plusieurs échantillons de ce rare Amphipode, bien reconnaissable à la forme toute particulière qu'affectent les derniers articles des pattes de la première paire.

Les Gammarines sont extrêmement répandues. Je signalerai d'abord un *Gammarella* qui me paraît nouveau et dont j'ai trouvé quelques échantillons dans les prairies de Zostères. C'est une espèce évidemment voisine du *G. brevicaudata*, mais qui en diffère absolument par la longueur de ses antennes; les autres caractères sont conformes à ceux de cette dernière espèce. On pourrait désigner sous le nom de *G. longicornis*, les individus que j'ai rencontrés, pour rappeler le caractère que je signale[1].

Viennent ensuite les *Mœra grossimana*, Leach, et *Melita palmata*, Leach, deux espèces assez communes dans les herbiers. Mes échantillons diffèrent, par certains détails, pour la longueur des antennes, par exemple, des figures de Sp. Bate et Westwood, mais il n'y a pas lieu d'attacher grande importance à ces variations. Les *Erysthrœus edriophtalmus*, Sp. B., les *Gammarus locusta*, Fabr., et *marinus*, Leach, se rencontrent très fréquemment dans les herbiers.

Je signalerai aussi le *Microdeutopus grillotalpa*, Costa, dont j'ai trouvé quelques échantillons sous des Éponges.

Le groupe des Podocérines comprend de nombreux *Amphitoe littorina*, Sp. Bate, et quelques *A. gammaroides*, Sp. B., qu'on trouve associés aux *Gammarus*, *Atylus*, etc., et des *Podocerus*, dont deux espèces, les *P. capillatus*, Ratke, et *falcatus*, Sp. B., se trouvent communément sous les *Cynthia*.

Je rappellerai, pour terminer cette liste des Amphipodes de Jersey, le *Chelura terebrans*, dont j'ai déjà parlé à propos du *Limnoria*.

Je n'ai pas rencontré d'Hypérines pendant mon séjour à Jersey ; on sait que ces Amphipodes aberrants se trouvent dans les Méduses, et je n'ai jamais eu occasion d'examiner de près aucun de ces Cœlentérés.

Les LÉMOPODIPODES sont représentés par des *Protella plasma*,

1. La forme de ce *Gammarella* est la même que celle du *G. brevicaudata*. Les antennes supérieures ont les trois articles du pédoncule aussi longs que dans cette espèce, mais le flagellum est deux et même trois fois aussi long que le pédoncule. Les antennes inférieures ont un pédoncule à quatre articles dont le premier offre à son bord interne une assez forte dent; leur flagellum est un peu plus long que le pédoncule.

Delage, dans son énumération des Crustacés de Roscoff, signale aussi un *Gammarella* différant du *G. brevicaudata* par le flagellum des petites antennes, aussi grand, dit-il, que le pédoncule. Comme il ne parle pas des antennes supérieures, je ne sais si nos espèces sont les mêmes.

Sp. B., et *Caprella linearis*, Edw., deux espèces très communes dans les herbiers.

Je signalerai enfin, pour terminer l'énumération des Crustacés supérieurs, les seuls dont je me suis occupé, la *Nebalia Geoffroyi*, Edw., commune sous les pierres recouvrant la vase riche en détritus organiques.

Insectes.

Le nombre des Insectes marins connus aujourd'hui est très restreint. L'on ne connaît guère que deux espèces du genre *Æpus*, les *Æpus Robinii* et *fulvescens*, qui vivent sur nos côtes et méritent véritablement le nom d'Insectes marins. A ces deux Coléoptères, il faut ajouter un Hémiptère, l'*Æpophilus Bonnairei*, Signoret, qui fut découvert, en 1879 seulement, à l'île de Ré ; c'est une espèce extrêmement rare, qui ne paraît pas avoir été retrouvée depuis cette époque ; cependant il en existe un échantillon au musée de Londres, avec la désignation d'origine : Cornouailles. J'ai été assez heureux pour retrouver l'*Æpophilus* à Jersey, et j'en ai recueilli plusieurs échantillons, qui m'ont permis d'étudier de près cet intéressant animal et de rectifier l'interprétation inexacte qu'avait faite Signoret des organes génitaux externes. J'ai publié sur ce sujet une note dans les Comptes rendus que je résumerai brièvement ici [1].

L'*Æpophilus* a une longueur de 3 millimètres ; sa largeur est de $1^{mm},5$; la couleur est d'un brun jaunâtre, roux ; le corps, et surtout l'abdomen, est recouvert de petits poils très fins et soyeux. Signoret est assez embarrassé pour classer cet Hémiptère : « La place qu'il doit occuper, dit-il, est assez problématique ; l'habitat de la seule espèce du genre nous porte à le placer parmi les Véliides ; comme aspect, l'espèce se rapproche du *Ceratombus* (*C. muscosum*). »

Signoret figure les organes génitaux extérieurs du mâle et de la femelle : d'après lui, ces organes sont situés au-dessus de l'abdomen chez la femelle, et en dessous chez le mâle ; or, il m'a

1. Voir *Comptes rendus de l'Académie des sciences*, t. C, p. 126-128.

été facile de me convaincre que Signoret avait pris le mâle pour la femelle, et réciproquement ; j'ai pu, en effet, reconnaître aisément l'existence d'oeufs dans les individus qu'il considère comme mâles. D'ailleurs, la simple inspection des armures génitales permet déjà de reconnaître le sexe, car elles répondent bien à la description classique des organes copulateurs des Hémiptères, et je ne conçois guère comment un spécialiste a pu se méprendre à cet égard.

Cet *Æpophilus Bonnairei* vit dans les mêmes conditions que les Coléoptères marins du genre *Æpus*, c'est-à-dire sous des pierres fortement adhérentes au sol et situées assez profondément au milieu des graviers ; il paraît s'y tenir immobile pour courir avec rapidité dès qu'on soulève le bloc qui le recouvre. Je l'ai trouvé dans la baie de Saint-Clément, derrière le rocher de la Mothe, dans des points qui découvrent à toutes les marées ; il est associé aux *Nesea bidentata, Gammarus marinus, Phascolosoma elongatum, Terebella conchilega, Cirratulus Lamarkii, Nereis cultrifera,* etc. On voit, par l'énumération de ces types, qui se trouvent avec lui dans les graviers, que l'*Æpophilus* est absolument marin.

Quant à l'*Æpus,* je ne l'ai pas rencontré à Jersey, circonstance assez remarquable, puisque ce Coléoptère est commun sur presque toutes les côtes.

L'*Æpophilus* ne paraît pas se rencontrer à toutes les saisons. Voulant continuer mes recherches sur son organisation interne, j'avais prié M. Sinel de m'en envoyer quelques-uns pendant l'hiver, et il m'a répondu qu'il lui avait été impossible d'en trouver un seul dans ces mêmes endroits où nous l'avions trouvé assez abondant l'été précédent.

L'on doit se demander comment ces insectes, dont la respiration est trachéenne et qui sont organisés pour vivre dans l'air, peuvent ainsi rester submergés pendant le moment de la haute mer. Pour les *Æpus,* la réponse est facile et sous ce rapport, ils sont tout à fait comparables aux insectes qui vivent dans l'eau douce, comme les Dytiques et autres, c'est-à-dire qu'ils emprisonnent, entre les poils qui recouvrent leur corps et sous leurs élytres, une certaine quantité d'air, qu'ils respirent lorsqu'ils sont submergés. Lorsqu'on les maintient trop longtemps sous l'eau, ils restent immobiles et finissent par tomber dans un état de mort apparente. Le Dr Cocquerel avait conservé ainsi dix-huit heures sous l'eau des *Æpus* et les croyait morts au bout de ce temps, quand, les ayant placés de nouveau à l'air, il les vit se remettre à courir.

Il n'en est plus de même chez les *Æpophilus* qui ne peuvent pas conserver d'air au milieu de leurs poils, trop rares et trop fins, et je n'ai jamais remarqué, non plus, qu'ils eussent une bulle d'air sous leurs ailes rudimentaires. Il faut donc bien admettre qu'ils passent tout le temps pendant lequel ils sont submergés, en respirant seulement la provision d'air renfermé dans leur système trachéen, et restent ainsi au moins cinq heures sur douze sans respirer. Ce fait n'a rien en lui-même qui doive nous étonner et chacun a pu observer, bien souvent, que les Insectes pouvaient rester sans respirer un temps beaucoup plus long. Par suite de la faculté qu'ils ont de fermer ou d'ouvrir leurs stigmates à volonté, on peut les submerger plusieurs heures dans l'eau ou l'alcool étendu, ou les plonger dans des gaz délétères sans les faire périr. L'animal, ayant fermé ses stigmates, cesse de respirer et, protégé par son revêtement chitineux imperméable, il continue à vivre sans éprouver le besoin de respirer et peut ainsi résister un certain temps. Les *Æpophilus* doivent faire de même : lorsqu'ils sont submergés, ils ferment leurs stigmates et doivent attendre, pour respirer, que la mer se soit retirée.

Parmi les autres groupes d'Arthropodes, je citerai un petit Acarien, que j'ai trouvé associé à l'*Æpophilus*. Ce petit animal, d'un millimètre environ de longueur, est de couleur rouge-orange et m'a paru appartenir au genre *Halacarus*, mais je ne suis pas sûr de ma détermination, notre bibliothèque ne renfermant pas d'ouvrage sur les Acariens.

Les Pygnogonides sont représentés par des *Pygnogonum littorale*, Ström, et *Ammothea longipes*, Hodge, assez communs à la côte au milieu des algues.

GUERNESEY.

L'île de Guernesey, située à 28 kilomètres au nord-ouest de Jersey, est comprise entre 49°25′ et 49°31′ de latitude nord et 4°50′ et 5°1′ de longitude ouest. Sa forme générale est celle d'un triangle rectangle dont les deux côtés de l'angle droit, formant les côtes orientale et méridionale, ont à peu près 11 kilomètres de long et dont l'hypoténuse, qui court dans la direction du sud-ouest au nord-est, a une longueur de 15 kilomètres. La côte orientale, dont les deux extrémités sont la pointe Saint-Martin au sud et le fort Marchand au nord, est légèrement excavée, et c'est à peu près en son milieu que se trouve la capitale de l'île, Saint-Pierre-du-Port (*Saint Peter port*). La superficie de l'île de Guernesey est à peu près la moitié de celle de Jersey.

La constitution géologique de l'île de Guernesey est assez différente de celle de Jersey. La syénite, qui formait à Jersey des affleurements très étendus et apparaissait dans presque tous les points de la côte (sauf au nord-est et dans la baie de Saint-Aubin), n'apparaît plus à Guernesey que dans la région septentrionale de l'île et se trouve remplacée, dans le sud et dans le centre, par des gneiss associés à des roches de serpentine, de schistes talqueux, etc. La syénite se montre surtout dans les portions nord-est et nord-ouest de la côte et fait place, dans le nord, à des affleurements de granite considérables : d'importantes carrières de ce granite sont exploitées près de *Saint-Sampson* et dans les environs de la baie de l'*Ancresse*.

Il est à remarquer que, dans les régions où la côte est la plus basse, c'est-à-dire sur presque toute la côte occidentale et la moitié nord-est de la côte orientale jusqu'à Saint-Pierre, on rencontre du granite et de la syénite ; dès que la côte commence à se relever, c'est-à-dire à partir de Saint-Pierre, on voit apparaître les gneiss qui se continuent sur la moitié sud de la côte orientale et sur toute la longueur de la côte méridionale de l'île.

La partie de la côte orientale située entre Saint-Pierre et le fort Marchand est basse et la mer, en se retirant, découvre des plages assez étendues parsemées de rochers. C'est dans cette portion de la côte que se trouve le port de Saint-Sampson, petit village de pêcheurs relié à Saint-Pierre par un tramway à vapeur, puis plus au nord celui de *Bordeaux*.

La côte occidentale de l'île est également peu inclinée; elle est échancrée par de nombreuses baies, assez irrégulières, offrant à mer basse des grèves assez étendues, parsemées de rochers, moins élevés dans la région septentrionale où ils sont constitués par du granite que dans le sud où ils deviennent plus élevés et où le granite est remplacé par de la syénite. Parmi ces baies, les plus importantes sont: la baie de l'*Ancresse,* qui regarde au nord, puis le *Grand-Hâvre,* les baies de *Pecquières,* de *Cobo,* de *Vazon,* de *Pérelle,* tournées vers le nord-ouest : c'est à partir de la baie de Cobo que se montre la syénite ; enfin la baie de *Rocquaine,* la plus étendue, qui regarde à l'ouest, termine cette série de petits golfes ; elle s'étend jusqu'à la pointe de *Pleinmont,* qui forme l'extrémité sud-ouest de l'île de Guernesey.

A partir de ce point, la côte se relève assez brusquement et offre bientôt des rochers verticaux formant des falaises à pic surplombant l'abîme et atteignant une grande hauteur. Sur toute sa longueur jusqu'à la pointe Saint-Martin, la côte méridionale de Guernesey présente une série de baies et d'échancrures pittoresques, séparées par de hardis promontoires. Les rochers à pic qui les forment, constamment battus par les vagues, sont creusés de nombreuses cavernes et usés progressivement par leurs bases; ils s'écroulent par places en creusant des indentations profondes qui déchiquettent irrégulièrement la côte. C'est ainsi qu'en quittant la pointe de Pleinmont et en se dirigeant vers l'est, on rencontre successivement les baies du *Creux-Mahié,* de *Bon-Repos,* de la *Moye,* de *Petit-Bot,* d'*Icart,* du *Moulin-Huet,* pour ne citer que les plus étendues, tous lieux célèbres par des sites très remarquables.

Aussi, comme disposition générale, la côte méridionale de Guernesey ressemble à la côte septentrionale de Jersey qui lui fait face, mais qui ne peut rivaliser avec elle pour la variété des sites, car les points les plus célèbres de Jersey, tels que le Trou-du-Diable, les grottes de Plémont ou les Corbières, sont loin de valoir les paysages imposants de cette côte si remarquable qui offre à tout instant un point de vue nouveau à admirer.

Dès qu'on a dépassé la pointe Saint-Martin, on voit la côte, qui court dès lors vers le nord, s'abaisser un peu, tout en restant cependant assez élevée, sauf au niveau de *Fermain-bay*. Elle s'abaisse assez brusquement à une courte distance de la jetée qui limite le port de Saint-Pierre vers le sud et qui s'étend jusqu'au château Cornet. Ce port, très étendu, est accessible aux bateaux à toute heure, même au moment des plus basses mers.

J'ai passé à Guernesey une huitaine de jours, lors de la grande marée de la fin du mois d'août 1884, sur lesquels j'ai employé les deux journées où la mer baissait le plus, à des excursions à l'île de *Sark*.

J'ai exploré surtout la région nord et nord-ouest de l'île, c'est-à-dire la baie de l'Ancresse, le Grand-Hâvre, les baies de Cobo et de Vazon, puis le voisinage des ports de Saint-Sampson et de Bordeaux, et enfin la baie de Fermain, laquelle ne m'a d'ailleurs fourni aucune matière à observation intéressante. La marée était d'ailleurs peu favorable le jour où je m'y suis rendu, qui était le dernier de mon séjour à Guernesey. Je n'ai pas eu le temps de visiter la région occidentale de l'île, c'est-à-dire la baie de Rocquaine et l'île de Lihou. Quant à la côte méridionale, il n'y avait pas à songer à l'explorer, vu la hauteur des rochers qui la forment sur toute sa longueur.

J'ai donc laissé de côté un certain nombre de points de la côte et les points que j'ai visités l'ont été trop rapidement pour qu'il me fût possible de me faire une idée de la faune de Guernesey. Cependant, j'ai cru remarquer que, dans un district déterminé, les espèces étaient un peu plus variées qu'à Jersey, sans que toutefois les échantillons fussent plus abondants. Il est vrai que les Échinodermes et les Ascidies simples m'ont paru plus fréquents : ainsi j'ai recueilli au port de Bordeaux et sur la portion de côte étendue entre celui-ci et le fort Doyle, des oursins ordinaires (*Strongylocentrotus lividus*), tous d'assez petite taille, plusieurs Ophiures (*O. fragilis*), un grand nombre d'Ascidies simples (*Ciona intestinalis*, *Ascidia mentula* et *producta*. Dans le sable, j'ai recueilli au même point de nombreuses *Synapta inhærens*,

Düb. et Kor., que je n'ai jamais rencontrées à Jersey, associées à de nombreuses Annélides (*Sipunculus vulgaris*, Bl., *Cirratulus Lamarkii*, A. et E., *Glycera capitata*, Œrst., *Eunice Harrassii*, A. et E., *Syllis amica*, Qf., *Nereis cultrifera*, Gr., etc... J'ai constaté au contraire la rareté relative des Ascidies composées. Certains Crustacés, assez rares à Jersey, se rencontrent ici plus fréquemment : *Pirimela denticulata*, *Xantho florida* et *rivulosa*, *Idothea appendiculata*. Les Tanaïdiens m'ont paru aussi plus abondants.

Les environs de Saint-Sampson et de Bordeaux, la baie de l'Ancresse et le Grand-Hâvre sont les régions que j'ai explorées avec le plus de fruit. J'y ai rencontré à peu près tous les types que j'avais recueillis à Jersey.

Les baies de Cobo et de Vazon, celle de Cobo surtout, m'ont paru assez pauvres. J'ai cependant recueilli, à Vazon-Bay quelques Éponges qui ne se trouvent pas à Jersey, mais que je n'ai malheureusement pas pu déterminer.

En somme, j'ai pu conclure que les espèces qui fréquentent la côte de Guernesey ne diffèrent que fort peu dans leur ensemble de celles de Jersey. Les espèces paraissent être les mêmes, mais les échantillons d'une espèce donnée y sont assez souvent moins abondants. Un des traits les plus caractéristiques de cette faune consiste dans l'existence ou la fréquence d'Échinodermes qui ne se trouvent pas à Jersey.

Cependant, les dragages faits devant la côte orientale de Guernesey, et surtout à la hauteur de Fermain-Bay, ont permis à M. Sinel, qui en a fait quelques-uns, de récolter certaines espèces intéressantes et de ramasser des échantillons fort nombreux de types très rares à Jersey. Je citerai, par exemple, parmi les Crustacés : *Ebalia Bryerii*, Leach., *Pennantii*, Leach., *Cranchii*, Leach., *Dromia vulgaris*, Edw., *Pagurus cuanensis*, Thomps., *Hyndmanni*, Thomps., *Scillarus arctus*, Roem., *Hyas coarctatus*, Leach., *araneus*, Leach. Comme il me disait avoir remarqué des types de Vers et d'Ascidies qu'il n'avait jamais rencontrés à Jersey, j'aurais voulu profiter de mon séjour à Guernesey pour faire quelques dragages. Mais, ne connaissant personne qui pût m'indiquer un pêcheur intelligent, et prévoyant la difficulté que j'aurais à m'entendre avec un des hommes du port, qui ne comprennent pas le français et sont incapables de se figurer l'intérêt qu'on peut avoir à conserver ce qu'ils rejettent précisément dans leur pêche, ayant d'ailleurs remarqué que les habitants de Guernesey étaient généralement peu bienveillants à l'égard des Français, j'ai dû renoncer à ce projet. Je l'ai regretté d'autant plus vivement qu'en parcourant le marché j'avais pu remarquer l'abondance extrême et la grande variété de poissons (j'ai dit plus haut que presque tout le poisson vendu à Jersey venait de Guernesey) ; les gros Tourteaux, les Maias, les *Scyllarus arctus* s'y vendent beaucoup. Les pêcheurs y apportent aussi quelquefois des *Strongylocentrotus* de grande taille et des *Sphaerechinus granularis*. La variété des animaux qui sont ainsi rapportés par les pêcheurs et les renseignements que j'ai pu recueillir me permettent de supposer que la faune devient très riche à une certaine distance des côtes et promettrait au naturaliste une abondante récolte.

SARK.

La petite île de Sark est située à 11 kilomètres à l'est de Guernesey et à 18 kilomètres de Jersey. Les bateaux qui y vont presque tous les jours de Guernesey ne mettent guère qu'une heure pour s'y rendre, et passent entre les deux petites îles d'Herm et de Jéthou. La première de ces îles offre une plage très étendue, parsemée de rochers et que j'aurais désiré visiter ; malheureusement, les bateaux n'y vont qu'une fois par semaine, et le jour de l'unique départ dont j'aurais pu profiter, la mer était basse à midi, tandis que le bateau ne partait qu'à deux heures.

Après avoir dépassé les îles d'Herm et de Jéthou, le bateau se dirige vers la côte occidentale de Sark, puis contourne, soit la pointe nord, soit la pointe sud, et le point d'accostage (non pas le port, car il n'y en a pas) se trouve sur la côte est. L'on débarque sur une jetée, puis l'on est obligé de passer sous un tunnel pour entrer dans l'île.

L'île de Sark est extrêmement curieuse et très remarquable par des beautés naturelles vraiment imposantes. C'est un plateau rocheux, paraissant, en grande partie, formé de syénite, d'une altitude moyenne de cent mètres, terminé de tous côtés par des côtes abruptes, offrant des falaises à pic plongeant dans la mer. La longueur de l'île est de cinq kilomètres, et sa largeur est environ trois fois moindre. Elle est formée de deux portions très inégales, dont l'ensemble offre la forme d'un 8 de chiffre. La région la plus étendue constitue l'île de Sark proprement dite ou Grand-Sark; l'autre, située au sud de la précédente, est beaucoup plus réduite, c'est Petit-Sark. Ces deux parties de l'île sont reliées par une portion très rétrécie qui s'appelle *la Coupée*. Cet isthme, d'une vingtaine de mètres de longueur, a la même altitude que le reste de l'île, et se trouve limité par des murailles à pic, plongeant à droite et à gauche dans la mer. La route qui traverse la Coupée n'a guère, sur une certaine partie de son trajet, plus de deux mètres de largeur. Le vent, qui y est très violent, désagrège peu à peu la roche et provoque des éboulements. Il paraît qu'en hiver il s'y fait sentir avec une telle violence, qu'il n'est pas possible de traverser la Coupée, et cela pendant plusieurs mois, de telle sorte que les quelques habitants de Petit-Sark en sont réduits à passer tout l'hiver dans leur petit morceau d'île, sans pouvoir en sortir. La Coupée est certainement l'une des curiosités les plus remarquables de l'île de Sark.

Les côtes, nous l'avons vu, sont sur tout le pourtour de l'île, très élevées, et la mer ne laisse, en se retirant, aucune grève à explorer, sauf de petites plages fort peu étendues, telles que la baie d'*Icart*, la baie *Terrible* et la *Grande-Grève*. Je n'ai pas eu le temps d'y descendre : d'ailleurs, le guide qui m'accompagnait pendant ma première journée à Sark et qui m'aidait dans la recherche des animaux, m'a affirmé que je n'y trouverais que des rochers nus et pas d'animaux à capturer, sauf peut-être quelques oursins qui sont assez communs à la côte de Sark. Je suis, en effet, descendu à la mer au point dit *les Autelets*, et j'ai rencontré quelques oursins. Mais le but de mes voyages était surtout l'étude des grottes du Gouliot, qu'on appelle encore *caverne Fré-*

goudée, qu'on m'avait indiquées comme une station remarquablement riche et dont parlent aussi, d'une manière assez brève d'ailleurs, Austedt et Lathau dans leur ouvrage sur les îles du Canal.

Ces grottes sont situées sur la côte occidentale de l'île de Sark, vis-à-vis une petite île inhabitée, l'île *de Brechou* ou *des Marchands,* qui n'est séparée de l'île de Sark que par un bras de mer très étroit, où s'engagent quelquefois les petits vapeurs qui font le service de Sark, quand la mer est tout à fait calme, et qui s'appelle le Gouliot (Goulet).

L'accès des grottes est assez difficile : il faut descendre par un sentier très raide, à peine indiqué sur le flanc du rocher, et qui disparaît avant que l'on ait gagné le rivage, où l'on n'arrive qu'après avoir traversé à grand'peine les rochers très glissants que la mer vient d'abandonner, et sur lesquels la marche est assez périlleuse. L'on se trouve alors sur une petite plage, sur laquelle s'ouvrent les grottes ou plutôt la grotte principale, car c'est du commencement de celle-ci que partent les autres, qui sont au nombre de trois. Voici quelle est la disposition de ces cavernes, de ces *caves,* comme on dit dans le pays. Vis-à-vis de Brechou, l'île de Sark forme une petite presqu'île qui s'appelle la *Moye du Gouliot.* La masse rocheuse qui la constitue est percée, dans toute son épaisseur, d'une large excavation en forme de tunnel, ayant une trentaine de mètres de longueur, quinze à vingt mètres de hauteur, et qui s'étend à peu près exactement dans la direction nord-sud, et traverse ainsi perpendiculairement la Moye du Gouliot. Cette grotte, très pittoresque, beaucoup plus vaste que les autres, découvre à toutes les marées et n'offre rien d'intéressant au zoologiste ; les rochers n'y sont couverts que de Balanes et de touffes serrées de *Campanularia flexuosa.* Quant aux autres grottes, situées à un niveau moins élevé, elles ne découvrent qu'au moment des plus fortes marées et s'ouvrent tout près de l'entrée de la précédente. L'on pénètre, par une fente entre deux rochers, dans un couloir étroit qui s'élargit peu à peu et s'enfonce dans le rocher parallèlement à la direction de la grande grotte ; ce couloir constitue la deuxième grotte, sur laquelle viennent déboucher les deux autres qui sont plus spacieuses et qui s'en détachent à angle droit pour s'ouvrir sur la mer, vis-à-vis l'île de Brechou.

Il est bon, lorsqu'on visite ces grottes pour la première fois, de se faire accompagner par un guide, parce que d'abord le sentier de descente ne se trouve pas facilement, mais aussi parce que, ne connaissant pas les lieux, on pourrait s'engager dans un couloir assez large qui fait communiquer, à une certaine distance de l'entrée, la première grotte avec le point d'intersection des trois autres ; le fond de ce couloir, très court, paraît occupé par une petite flaque d'eau, mais si l'on s'y engageait, on tomberait dans un trou très profond. Il faut enfin prendre garde à la marée, qui arrive très brusquement et commence par boucher le passage de sortie, avant de monter sensiblement dans les grottes.

Ces trois grottes ont leurs parois totalement recouvertes d'animaux aussi nombreux que variés, qui, ne se trouvant mis à sec qu'à des intervalles très éloignés, quelques heures tous les quinze jours, se sont fixés sur les rochers et se multiplient rapidement, en présentant une vigueur et un développement qu'on ne retrouve dans aucune autre localité : ce sont d'abord des Balanes (*B. balanoides*), qui atteignent des dimensions très considérables, surtout dans la deuxième grotte, et sur lesquelles se développent, je dirai plutôt s'entassent, les Ascidies simples et composées, les Bryozoaires, les Hydraires, les Actinies, les Éponges de toutes variétés ; et tout cet ensemble forme une épaisse couche vivante, dont l'abondance des formes, jointe à la variation des couleurs éclatantes, est bien faite pour causer l'admiration du naturaliste qui visite cette station d'une richesse incomparable.

Les Actinies sont surtout représentées par des *Actinia equina*, L., mais dont les échantillons sont très remarquables par les différences de coloration qu'ils affectent, et qui varient du rouge au vert, au brun, au jaunâtre, au blanc pur ou jaunâtre ; puis par des *Corynactis viridis*, Gosse, assez nombreux dans les deux dernières grottes, et qui présentent aussi plusieurs variétés, dont les plus communes correspondent à celles que Gosse désigne sous les noms de *smaragdina, rhodoprasina, chrysochlorina* et *corallina*, d'après la couleur qui domine.

Parmi les Hydraires, je citerai, outre de nombreuses Plumulaires, Campanulaires et Sertulaires, des Tubulaires très élégantes (*T. indivisa*, Hinks), qui tapissent de leurs touffes épaisses tout le fond de la troisième grotte, et dont l'ensemble présente une belle coloration rouge. J'ai aussi recueilli, dans cette troisième grotte surtout, plusieurs échantillons d'*Alcyonium digitatum*, Edw., d'une taille assez considérable ; les plus beaux se trouvaient malheureusement à un niveau qu'il était impossible d'atteindre.

Les Éponges sont extrêmement abondantes dans les grottes du Gouliot ; j'en ai recueilli un grand nombre d'échantillons dont je n'ai pu déterminer que quelques espèces avec certitude. Parmi celles que je crois pouvoir rapporter à des espèces décrites par Bowerbank, je citerai d'abord : *Grantia compressa*, Flem., et une petite espèce de *Sycon*, caractérisée par le dessin particulier qu'offre sa surface externe, le *S. tessellatum*, Bow., qui se trouve associée à l'espèce ordinaire, *S. ciliatum*, puis les *Leuconia nivea*, Grant, *Leucosolenia contorta*, Bow., *Leucogypsia Gossei*, Bow. Toutes ces espèces, assez rares en général, sont ici extrêmement abondantes. Les échantillons de *Leucosolenia* atteignent d'assez grandes dimensions. Quant aux autres espèces, je n'ai pu déterminer que des échantillons d'une Éponge appartenant au genre *Caminus* de Schmidt et voisine du *C. osculosus* de Grube. J'ai déjà indiqué dans une note, publiée dans la *Bibliothèque des Hautes Études*, les caractères les plus saillants de cette Éponge, dont j'ai recueilli plusieurs beaux spécimens. Ainsi que je le disais dans cette note, les échantillons que j'ai étudiés diffèrent par plusieurs caractères du *C. osculosus*, Grube (oscules réunis par groupes de six à huit et non disposés en séries ; surface extérieure assez régulière et n'offrant ni saillies ni vallées ; présence d'une forme particulière de spicules n'existant pas chez les autres espèces de *Caminus*), et l'ensemble de ces caractères m'a paru devoir justifier la création d'une espèce nouvelle.

Quant aux autres Éponges, il ne m'a pas été possible de les déterminer. Parmi toutes celles qui me restent, il y a certainement plusieurs espèces distinctes. Ainsi Bowerbank, qui a visité les grottes du Gouliot, y a rencontré les espèces suivantes : *Pa-*

chymatisma Johnston, Bow., *Tethya Collingsii*, Bow., *Microciona atrasanguinea*, Bow., *Hymeniacidon albescens*, Bow., et *caruncula*, Bow., etc., espèces que je possède peut-être sans avoir pu les déterminer. Je l'ai déjà dit plus haut, il est presque impossible de reconnaître les espèces décrites par Bowerbank, et cela est d'autant plus regrettable que son ouvrage est à peu près le seul ouvrage de détermination que nous ayons. Ainsi, il me paraît bien difficile à admettre que l'espèce de *Caminus* dont je parlais plus haut, n'ait pas été recueillie et décrite par Bowerbank : elle est trop répandue dans les grottes et sa taille est trop considérable pour avoir pu échapper à ce naturaliste. Et cependant je n'ai trouvé, dans son ouvrage, aucune description qui puisse s'appliquer à cette Eponge, dont les caractères sont cependant bien définis : le *Pachymatisma Johnst.*, qui s'en rapproche à certains égards, en diffère par des particularités trop importantes, pour qu'on puisse songer à rapprocher ces deux formes. En décrivant son *C. osculosus*, Grube n'a pas essayé de faire quelque rapprochement avec les espèces de l'auteur anglais. Le genre *Caminus* a été établi par O. Schmidt et il n'est pas facile d'indiquer à quel genre de Bowerbank il correspond exactement.

Les Ascidies simples sont extrêmement répandues dans les grottes. Les *Cynthia rustica* atteignent une très grande taille ; on trouve aussi des *Ascidia producta*, Hanck, *Ascidiella aspersa*, Müll., et *scabra*, *Cynthia granulata*, Ald., et *Molgula arenosa*, Ald.

Sur la tunique de ces différentes espèces se sont fixées de nombreuses Ascidies composées : *Leptoclinum asperum*, Edw., et *durum*, Edw., *Amaroucium albicans*, Edw., des Botrylles, ainsi que des Hydraires (Campanulaires, Sertulaires, Plumulaires).

Les Bryozoaires sont aussi très répandus. Ce sont des *Crisia cornuta*, L., et *denticulata*, Lam., qui forment d'épaisses touffes blanches, *Cellepora pumicosa*, L., *Lepralia foliacea*, Ell. et Sol., *Scropuccllaria scrupea*, Busk, *Mucronella Peachii*, Johnst., *Membranipora pilosa*, L., qui se trouvent en abondance sur les Balanes, sur les Ascidies, etc.

Au milieu des Ascidies vivent de nombreuses espèces de Vers et de Crustacés. Les Crustacés sont presque tous des Amphipodes et des Isopodes. Parmi les premiers je citerai : *Montagua monoculodes*, Sp. Bate, et *marina*, Sp. Bate, *Atylus bispinosus*, Sp. Bate, *Anonyx Edwardsii*, Kröyer, *Microdeutopus Websterii*, Sp. Bate, *Nicea Lubbockiana*, Sp. Bate, *Amphitoe gammaroides*, Sp. Bate, *Aora gracilis*, Sp. Bate, *Podocerus capillatus*, Sp. Bate et *falcatus*. J'ai enfin recueilli deux échantillons d'un Amphipode très curieux et assez rare, l'*Exunguia stillipes*, décrit par Nordmann, puis par Stebbing, et figuré par ce dernier dans les *Annals and magazine of Natural history* de 1876. D'après ces auteurs, l'*Exunguia stillipes* correspondrait peut-être au *Cratippus tenuipes* de Sp. Bate, mais comme l'échantillon unique qui avait servi à ce dernier pour sa description a été perdu, il est maintenant impossible d'établir les relations exactes qui existent entre le genre *Cratippus* et le genre *Exunguia*, créé par Nordmann pour nommer un Crustacé différent du *Cratippus* par la forme des pattes de la première paire.

Quant aux Isopodes, ils sont représentés par de nombreux *Leptochelia Edwardsii*, Kröyer, et *Paratanais forcipatus*, Lillj., par des *Anceus maxillaris* et des *Janira* de petite taille et à antennes n'atteignant ordinairement pas la longueur du corps. J'ai rencontré aussi quelques *Iæra Nordmanni* et enfin un petit Isopode qu'il ne m'a été possible de rapporter à aucune espèce connue et que je décrirai prochainement sous le nom de *Iæropsis brevicornis*, Kœhl. Ce petit Isopode, dont la longueur n'atteint guère que deux millimètres, est voisin des *Iæra*, mais il en diffère par la forme particulière de ses antennes, qui sont très courtes ; les antennes inférieures sont très élargies et ont un aspect spécial ; leur pédoncule, formé de quatre articles, est terminé par un flagellum très court.

J'ajouterai enfin à cette liste de Crustacés le *Caprella hystrix*, Kröyer, qui est très commun dans les grottes.

Quelques Pycnogonides se trouvent aussi associés à ces Crustacés, tels que *Pygnogonum littorale*, Müll., et *Ammothea longipes*, Hodge.

Les Annélides sont aussi très abondantes, mais ne sont pas très variées ; ce sont des *Syllis amica*, Qf., et *divaricata*, Kef., des *Nereis Dumerilii*, A. et E., des Serpules et des Vermilies communes, et une Sabelle très commune, n'ayant qu'un centimètre de longueur et que je n'ai pas pu déterminer. Sur les Balanes se trouvent aussi quelques tubes d'une espèce appartenant au genre *Filigrana*.

Les échantillons des roches que j'ai rapportés de ces grottes étaient formés par un granite gneissique chloriteux, et aussi par une arkose composée des éléments remaniés de cette dernière roche.

LISTE DES ANIMAUX

RECUEILLIS AUX ILES ANGLO-NORMANDES

Pendant l'été 1884.

Spongiaires.

Sycon *ciliatum*, Bœck.
— *tessellatum*, Bow.
Grantia *compressa*, Flem.
Leuconia *nivea*, Grant.
Leucosolenia *contorta*, Bow.
— *botryoides*, Bow.
Tethya *lyncurium*, Johnst.
Dictyocylindricus *ramosus*, Bow.
Isodyctia *simulans*, Bow.
— *parasitica*, Bow.
Verongia (*rosea* ?), Barrois.
Desidea *fragilis* (?), Johnst.
Halichondria *panicea*, Johnst.
Caminus, voisin du *C. osculosus*, Grub.

Cœlentérés.

Actinia *equina*, L. (*A. mesembryanthemum*, Ell. et Sol.)
Anemonia *sulcata*, Penn. (*Anthea cereus*, Hass.)
Teallia *crassicornis*, Thomp.
Bunodes *gemmacea*, Goss.
Sagartia *parasitica*, Couch. (*Anthea parasitica*, Goss.)
— *bellis*, Goss. (*Heliactis bellis*, Ell.)
— *sphyrodeta*, Goss., var. *candida*.
Sagartia *troglodytes*, Goss.
Edwardsia *Beautempsii*, Qf. (*E. callimorpha*, Goss.)
Adamsia *palliata*, Johnst.
Corynactis *viridis*, Allm.
— variétés *smaragdina*.
— — *rhodoprasina*.
— — *chrysochlorina*.
— — *corallina*.
Alcyonium *digitatum*, L.
*Lucernaria [1] *sp*.

Voir, pour les **Hydraires**, page 73.

Échinodermes.

Strongylocentrotus *lividus*, Brandt (*Toxopneustes lividus*).
*Sphærechinus *granularis*, A. Ag.
*Spatangus *purpureus*, O. F. Muller.
Asteriscus *verruculatus*, Retz. (*Asterina gibbosa*).
Asterias *glacialis*, O. F. Muller.
— *rubens*, L.
Astropecten *aurantiacus*, Phil.
Solaster *papposus*, Retz.
Ophiotryx *fragilis*, O. F. Muller.
Ophiopsila *aranea*, Forbes.

1. J'indique par un astérique les espèces que je n'ai pas trouvées moi-même, mais qui m'ont été indiquées par M. Sinel.

Ophioglypha *texturata*, Lam.
*Cucumaria (*communis* ?), Forb.
Synapta *inhærens*, Düb. et K.
*Antedon *rosaceus*, Link.

Vers.

Leptoplana *tremellaris*, Œrst.
Prosthecæreus *villatus*, Lang. (*Procerus cristatus*, Qf.)
Oligocladus *sanguinolentus*. (*Proc. sanguinolentus*, Qf.)
Stilochoplana *maculata*, Stimps.
Lineus *longissimus Simm.* (*Borlasia Angliæ*, Qf.)
— *gesserensis*, Johnst.
Valencia *splendida*, Qf.
— *longirostris*, Qf.
Amphiporus *lactifloreus*, M. Sert. (*Ommatoplea rosacea*, Johnst. ; *Polia mandilla*, Qf.)
— *spectabilis*, Kef. (?).
Polia *filum*, Qf.
— *sanguirubra*, Qf.
Cerebratulus *Œrstedtii*, Ben.
Tetrastemma *candidum*, Müll. (*Polia quadrioculata*, Qf.

Phascolosoma *elongatum*, Kef.
— *margaritaceum*, Sars.

---

*Aphrodite *aculeata*, L.
— *hystrix*, A. et E.
Polynoe *cirrata*. Müll.
— *squamata*, L.
Eunice *Harrassii*, A. et E.
Marphysa *sanguinea*, A. et E.
— *Belli*, A. et E.
Lysidice *ninetta*, A. et E.
Lumbrinereis *contorta*, Qf.
— *humilis*, Qf.
Nereis *cultrifera*, Grube.
— *Dumerilii*, A. et E.
Nephtys *Hombergii*, A. et E.
Phyllodoce *laminosa*, Sav.
Eulalia *clavigera*, A. et E.
Glycera *capitata*. Œrst.
Syllis *amica*, Qf.
Syllis *divaricata*, Kef.
Aricia *Cuvieri*, A. et E.
Cirratulus *Lamarkii*, A. et E.
Ophelia *bicornis*, Sav.
Nereilepas *lobulatus*, Qf.
Arenicola *piscatorum*, Cuv.
Terebella *conchilega*, Pall.
— *prudens*, Cuv.
— *nebulosa*, Mont.
Sabella *pavonina*, Sav.
— *verticillata*, Qf.
— *arenilega*, Qf.
Filigrana....
Salmacina *Dysteri*, Qf.
Vermilia *conigera*, Qf.
— *tricuspis*, Qf.
Serpula *fascicularis*, Lam.
Spirorbis *communis*. Flem

Crisia *denticulata*, Lam.
— *cornuta*, L.
Bugula *avicularia*, L.
Bicellaria *ciliata*, L.
Scrupocellaria *scrupea*, Busk.
— *reptans*, L.
Membranipora *pilosa*, L.
— *membranacea*, L.
— *lineata*. L.
Cellepora *pumicosa*, L.
Lepralia *foliacea*, Ell. et Sol.
Mucronella *Peachii*, Johnst.
— *coccinea*, Hincks.
— *variolosa*, Johnst.
Fustrella *hispida*, Fabr.
Bowerbankia *imbricata*, Ad.
Smittia *reticulata*, J. Mac.
Cribrilina *punctata*, Hass.
Pedicellina *cernua Pallas*.
Loxosoma *phascolosomatum*, Vogt.

Argiope *capsula*, Jeffr.

Ascidies.

Ciona *intestinalis*. L.
— — var. *canina*.
Ciona *intestinalis*, var. *fascicularis*.
Ascidia *mentula*. O. F. Müller.
Ascidia *producta*. Hanck.
Ascidiella *aspersa*. O. F. Müll.
— *scabra*. O. F. Müll.
Polycarpa *glomerata*. Alder.
Cynthia *granulata*. Alder.
— *rustica*. Müller.
— *sulcatula*. Alder.
Molgula *arenosa*. Alder.
Anurella *roscovita*. Lac.
Ctenicella *Lanceplaini*. Lac.
Clavelina *lepadiformis*. Wigm.
Perophora *Listeri*. Müll.
Aplidium *zostericola*. Giard.
Amaroucium *Nordmanni*. Edw.
— *albicans*. Edw.
— *proliferum*. Edw.
Fragarium *elegans*. Giard.
Morchellium *argus*. Edw.
Didemnum *sargassicola*. Giard
Leptoclinum *maculosum*. Edw.
— *asperum*. Edw.
— *durum*. Edw.
— *fulgidum*. Edw.
— *gelatinosum*. Edw.
Botrylloides *rotifera*. Edw.
— *rubrum*. Edw.
Botryllus *Schlosseri*. Sav.
— — var. *Adonis*, Giard.
— *pruinosus*. Giard.
— *smaragdus*. Giard.
— *violaceus*. Giard.
— *aurolineatus*. Giard.
— *rubigo*. Giard
— *morio*. Giard.

Crustacés.

Stenorhynchus *phalangium*. Edw.
— *tenuirostris*. Bell.
— *aegyptus*. Edw.
Acheus *Cranchii*. Leach.
Inachus *dorynchus*. Leach.
— *dorsettensis*, Leach.
— *leptochirus*. Leach.
Pisa *Gibsii*. Leach.
— *tetraodon*. Leach.
Hyas *coarctatus*. Leach.
— *araneus*. Leach.
Maia *squinado*. Latr.
Eurynome *aspera*. Leach.
Xantho *florida*. Leach.
— *rivulosa*. Edw.
Pilumnus *hirtellus*. Leach.
Cancer *pagurus*. Bell.
Pirimela *denticulata*, Leach.
Carcinus *maenas*. Leach.
Portunus *puber*. Leach.
— *corrugatus*. Leach
— *arcuatus*. Leach
Portunus *holsatus*. Fabr.
— *pusillus*, Leach.
— *depurator*. Leach.
— *marmoreus*. Leach.
Portumnus *variegatus*. Leach.
Pinnotheres *pisum*. Latr.
Ebalia *Bryerii*. Leach.
— *Permantii*. Leach.
— *Cranchii*. Leach.
Dromia *vulgaris*. Edw.
Corystes *cassivelaunus*. Penn.
Porcellana *platycheles*, Lam.
— *longicornis*, Edw.
Thia *polita*. Leach.
Gebia *deltura*. Leach.
Axius *stirhynchus*. Leach.
Callianassa *subterranea*. Leach.
Pagurus *Bernhardus*. Fabr.
— *cuanensis*, Thomps.
— *Hyndmanni*. Thomps.
Eupagurus *Prideauxii*. Leach.
Galathæa *squamifera*. Leach.

Galathæa *strigosa*, Fabr.
— *nexa*, Emblet. (?).
Scyllarus *arctus*, Rœm.
Palinurus *vulgaris*, Latr.
Homarus *vulgaris*, Edw.
Palæmon *serratus*, Fabr.
— *squilla*, Fabr.
Crangon *vulgaris*, Fabr.
— *fasciatus*, Risso.
Nika *edulis*, Risso.
Pandalus *annulicornis*, Leach.
Athanas *nitescens*, Leach.
Hippolyte *varians*, Leach.
— *Cranchii*, Leach.
— *sp.*
***Lysmata** *seticaudata*, Risso.
Mysis *chamæleon*, Thomp.
— *vulgaris*, Thomp.
Temisto *brevispinosus*, Goods.
***Cynthia** *Flemmingii*, Goods.
***Thysanopoda** *Couchii*, Bell.
Squilla *Desmarestii*, Risso.

Talitrus *locusta*, Latr.
Orchestia *mediterranea*, Costa.
— *littorea*, Leach.
Nicea *Lubbockiana*, Sp. B.
Montagua *monoculodes*, Sp. B.
— *marina*, Sp. B.
Anonyx *Edwardsii*, Kröyer.
Dexamine *spinosa*, Leach.
Atylus *Swammerdamii*, Sp. B.
— *bispinosus*, Sp. B.
Pherusa *fucicola*, Leach.
— *bicuspis*, Edw.
Iphimedia *obesa*, Ratke.
Leucothoe *articulosa*, Leach.
Aora *gracilis*, Sp. B.
Gammarolla *longicornis*, Kœhl.
Melita *palmata*, Leach.
Mœra *grossimana*. Leach.
Erysthræus *edriophtalmus*, Sp. B.
Gammarus *marinus*, Leach.
— *locusta*, Fabr.
Amphitoe *littorina*, Sp. B.
— *gammaroides*, Sp. B.
Podocerus *falcatus*. Sp. B.
Podocerus *capillatus*, Ratke.
Chelura *terebrans*, Phil.
Microdeutopus *Websterii*, Sp. B.
— *grillotalpa*, Costa.
Exunguia *stillipes*, Nordm.

Idothea *tricuspidata*, Desm.
— *pelagica*, Leach.
— *linearis*, L. (*tridentata* Latr.).
— *acuminata*, Leach.
— *appendiculata*, Risso.
— *emarginata*, Fabr.
Spheroma *serratum*, Fabr.
— *prideauxianum*, Leach.
Dynamene *viridis*, Leach.
— *Montagui*, Leach.
Cymodoce *truncata*, Leach.
Nesea *bidentata*, Leach.
Limnoria *lignorum*, Ratke.
Janira *maculosa*, Leach.
Paranthura *Costana*, Sp. B.
Apseudes *talpa*, Leach.
Tanais *vittatus*, Lilljb.
Leptochelia *Edwardsii*. Kröyer.
Paratanais *forcipatus*.
Anceus *maxillaris*. Mont.
Praniza *cærulea*.
Cirolana *Cranchii*, Leach.
Conilera *cylindracea*, Mont., var. *punctata*.
Ligia *oceanica*, Fabr.
Iæra *Nordmanni*, Ratke.
Iæropsis *brevicornis*, Kœhl.
Bopyrus *squillarum*, Latr.
Anilocra *mediterranea*, Leach.

Protella *phasma*, Sp. B.
Caprella *hystrix*, Kröyer.
— *linearis*, Edw.
Nebalia *Geoffroyi*, Edw.

AUTRES ARTHROPODES.

Æpophilus *Bonnairei*, Lign.
Pygnogonum *littorale*, Ström.
Ammothea *longipes*, Hodge.
Halacarus *sp.* ?

Mollusques [1].

GASTÉROPODES.

Chiton *fascicularis*, L.
— *discrepens*, Br.
— *cancellatus*, Sow.
— *marginatus*, Penn.
— *lævis*, Mont.
— *cinereus*, L.
— *scabriculus*, Jeff.
Patella *vulgata*, L.
— var. *elevata*.
— — *picta*.
— — *intermedia*.
— — *depressa*.
— — *cærulea*.
Helcium *pellucidum*, L.
Tectura *virginea*, Müll.
Emarginella *fissura*, L.
Fissurella *græca*, L.
Cyclostremma *nitens*, Phil.
Calyptræa *chinensis*, L.
Haliotis *tuberculata*, L.
Trochus *magnus*, L.
— *cinerarius*, L.
— — var. *variegata*.
— *umbilicatus*, Mont.
— — var. *decorata*.
— — — *agathensis*.
— — — *pallens*.
— *lineatus*, D. C.
— *striatus*, L.
— *exasperatus*, Penn.
— *Zizyphinus*, L.
— *tumidus*, Mont.
Phasianella *pulla*, L.
Lacuna *divaricata*, Fabr.
— *puteolus*, Turt.
— *pallidula*, D. C.
Littorina *obtusata*, L.
— *neritoides*, L.
— *rudis*, Mat.
— — var. *tenebrosa*, Mont.
— *littorea*, L.
Rissoa *striatula*, Mont.
— *lactea*, Mich.
— *costata*, Ad.
Rissoa *parva*, D. C.
— — var. *interrupta*.
— *membranacea*, Ad.
— *violacea*, Desm.
— *costulata*, Ald.
— *striata*, Ad.
— *cingillus*, Mont.
— — var. *rupestris*.
— *cancellata*, D. C.
— *calathus*, F. et H.
— *inconspicuus*, Ald., var. *variegata*.
— *fulgida*, Ad.
— — var. *pallida*.
— *semistriata*, Mont.
— — var. *pura*.
Barleia *rubra*, Mont.
— var. *unifasciata*.
— — *pallida*.
Hydrobia *ulvæ*, Penn.
Jeffreysia *diaphana*, Ald.
— *opalina*, Jeffr.
Skenea *planorbis*, Fabr.
— var. *maculata*.
— — *hyalina*.
Homalogyra *atomus*, Phil.
— — var. *vitrea*.
— *rota*, F. et H.
Scalaria *communis*, Lam.
Truncatella *truncata*, Drap.
Aclis *unica*, Mont.
— *supranitida*, Wood.
Odostomia *pallida*, Mont.
— *acuta*, Jeffr.
— *unidentata*, L.
— *lactea*, L.
— *nivosa*, Mont.
— *Lukisi*, Jeffr.
— *albella*, Lov.
— *rissoides*, Hanck., var. *dubia*.
— *plicata*, Mont.
— *diaphana*, Jeff.
— *obliqua*. Ald.

1. Je ne fais que reproduire les listes données par M. Dupuy. (*Ann. Nat. Hist.* 1876 et 1888.)

Odostomia *Warreni*, Thomp.
— *decussata*, Mont.
— *interstincta*, Mont.
— — var. *terebellum*.
— *spiralis*, Mont.
— *fenestrata*, Forb.
— *pusilla*, Phil.
Natica *catenata*, D. C.
— *Alderi*, Forb.
Adeorbis *subcarinatus*, Mont.
Lamellaria *perspicua*, L.
Janthina *rotundata*, Leach.
Eulima *intermedia*, Cont.
— *distorta*, Desh.
Velutina *lævigata*, Penn.
Cerithium *reticulatum*, D. C.
— *perversum*, L.
Cerithiopsis *tubercularis*, Mont.
Purpura *lapillus*, L.
Buccinum *undatum*, L.
Murex *erinaceus*, L.
— — var. *melanostoma*.
— *acicularis*, Lam.
Lachesis *minima*, Mont.
Nassa *incrassata*, Ström.
— *reticulata*, L.
Cypræa *europæa*, Mont.
Defrancia *linearis*, Mont.
— *Leufroyi*, Mich.
— *purpura*, Mont.
Pleurotoma *costata*, Donov.
— *nebula*, Mont.
— *rufa*, Mont.
— — var. *lactea*.
Utriculus *mamillatus*, Phil.
— *truncatulus*, Brug.
— *obtusus*, Mont.
Bulla *striata*, Brug.
— *hydatis*, L.
Philine *aperta*, L.
Melampus *bidentatus*, Mont.
— *myosotis*, Drapp.
— — var. *ringens*.
Otina *otis*, Turt.
Aplysia *punctata*, Cuv.
Pleurobranchus *membranaceus*, Mont.
— *plumula*, Mont.

Auxquels j'ajouterai :
Eolis *Cuvieri*, Lam.
Triopa *claviger*, Müll.
Doris *tuberculata*, Cuv.
— *Johnstoni*, A. et H.
Fiona *nobilis*, A. et H.

LAMELLIBRANCHES.

Anomia *ephippium*, L.
— *patelliformis*, L.
Ostrea *edulis*, L.
— var. *deformis*.
Pecten *pusio*, L.
— *varius*, L.
— *opercularis*, L.
— *maximus*, L.
Lima *subauriculata*, Mont.
Mytilus *edulis*, L.
— *barbatus*, L.
— *modiolus*, L.
— *adriaticus*, Lam.
Modiolaria *marmorata*, Forb.
— *discors*, L.
Nucula *nucleus*, L.
Pectunculus *glycyremis*, L.
Loripes *lacteus*, L.
Arca *lactea*, L.
— *tetragona*, Poli.
Lesæa *rubra*, Mont.
— v. *pallida*.
Crenella *rhombea*, Berk.
Lepton *nitidum*, Turt.
— *sulcatulum*, Jeffr.
— *Clarkiæ*, Clark.
Montacula *bidentata*, Mont.
Lucina *borealis*, L.
Kellia *suborbicularis*, Mont.
Axinus *flexuosus*, Mont.
Diplodonta *rotundata*, Mont.
Cyamium *minutum*, Fabr.
Cardium *echinatum*, L.
— *tuberculatum*, L.
— *fasciatum*, Mont.
— *exiguum*, Gmel.
— *nodosum*, Turt.
— — var. *rosea*.
— *edule*, L.
— *norwegicum*, Spengl.
— — var. *pallida*.

Astarte *triangularis*, Mont.
Circe *minima*, Mont.
Venus *gallina*, L.
— *exoleta*, L.
— *casina*, L.
— — var. *reflexa*.
— *verrucosa*, L.
— *fasciata*, D. C.
— *ovata*, Penn.
Tapes *aureus*, Gmel.
— *pullastra*, Mont.
— *decussatus*, L.
— *virgineus*, L.
Lucinopsis *undata*, Penn.
Donax *politus*, Poli.
Tellina *pusilla*, Phil.
— *crassa*, Gmel.
— — var. *albida*.
— *tenuis*, D. C.
— *squalida*, Pult.
— *donacina*, L.
— *balthica*, L.
Psammobia *tellinella*, Lam.
— *costulata*, Turt.
— *ferroensis*, Chemn.
— *vespertina*, Chemn.
Mactra *stultorum*, L.
— *solida*, L.
— — var. *elliptica*.
— *subtruncatula*, D. C.
Mactra *glauca*, Born.
Lutraria *elliptica*, Lam.
— *oblonga*, Chemn.
Scrobicularia *alba*, Wood.
— *prismatica*, Mont.
Solecurtus *candidus*, Ren.
Solen *pellucidus*, Penn.
— *ensis*, L.
— *siliqua*, L.
— *vagina*, L.
Ceratisolen *legumen*, L.
Pandora *inæquivalvis*, L.
Thracia *papyracea*, Poli.
Mya *truncata*, L.
— *Binghami*, Turt.
Pholas *candida*, L.
Corbula *gibba*, Oliv.
Saxicava *rugosa*, L.
Teredo *navalis*, L.
— *megotara*, Hanl.
— — var. *subericola*.

CÉPHALOPODES.

Loligo *vulgaris*, L.
— *media*, L.
Sepiola *Rondetii*, Leach.
Sepia *officinalis*, L.
— *elegans*, Bl.
— *biserialis*, Montf.
Octopus *vulgaris*, Lam.

Poissons [1].

Scomber *scomber*, L.
Trigla *pini*, Bloch.
Callionymus *lyra*, L.
Solea *vulgaris*, Cuv.
Conger *vulgaris*, Cuv.
Labrus *bergylta*, C. Bp.
Belone *vulgaris*, Cuv. et V.
Merlangus *vulgaris*, Cuv.
Labrax *lupus*, Cuv. et V.
Platessa *vulgaris*, Flem.
— *limanda*, Cuv.
Trachinus *vipera*, Cuv.
Trachinus *draco*, L.
Ammodytes *tobianus*, Les.
Mullus *surmuletus*, L.
Rhombus *vulgaris*, Cuv.
Gadus *æglefinus*, L.
Motella *mustella*, Will.
Blennius *pholis*, L.
Caranx *trachurus*, Cuv. et V.
Acanthias *vulgaris*, Risso.
Scyllium *canalicula*, Müll.
Raia *batis*, Mont.
— *clavata*, Belon.

1. Cette liste ne comprend que les espèces les plus communes que j'ai reconnues sur les marchés de Saint-Hélier et de Saint Pierre.

Nancy, imprimerie Berger-Levrault et Cie

www.ingramcontent.com/pod-product-compliance
Lightning Source LLC
LaVergne TN
LVHW050428160826
845677LV00002BA/589
9782329691435